FORSCHUNGSBERICHTE DES LANDES NORDRHEIN-WESTFALEN

Nr. 1140

Herausgegeben
im Auftrage des Ministerpräsidenten Dr. Franz Meyers
von Staatssekretär Professor Dr. h. c. Dr. E. h. Leo Brandt

DK 672.7 669.14.018.225.5 620.172.25

Direktor Dipl.-Ing. Hans Stüdemann
Dr.-Ing. Fritz Esselborn

Forschungsinstitut an der Fachschule für
Metallgestaltung und Metalltechnik, Solingen,
im Auftrage des Fachverbandes Schneidwarenindustrie e. V., Solingen

Einflüsse der Prüfbedingungen auf die Ergebnisse von Schneideigenschaftsprüfungen an Messern

WESTDEUTSCHER VERLAG · KÖLN UND OPLADEN · 1962

ISBN 978-3-663-06274-5   ISBN 978-3-663-07187-7 (eBook)
DOI 10.1007/978-3-663-07187-7

Verlags-Nr. 011140

© 1962 Westdeutscher Verlag, Köln und Opladen

Gesamtherstellung: Westdeutscher Verlag

Inhalt

I. Vorwort 7

II. Einleitung und Aufgabe 8

III. Kritische Betrachtung der Verfahren 9
    1. Prinzipien der Verfahren 9
    2. Das Fehlen von Absolutwerten 12
    3. Die Empfindlichkeit der Verfahren 13

IV. Einflüsse von seiten der Prüfbedingungen 15
    1. Prüfwerkstoff 15
    2. Schnittgeschwindigkeit 17
    3. Schnittkraft 22

V. Zusammenfassung und Ausblick 32

VI. Literaturverzeichnis 33

I. Vorwort

Der vorliegenden Veröffentlichung liegt ein Teil einer Forschungsarbeit über die Einflüsse unterschiedlicher Herstellung von rostbeständigen Messern auf deren Qualität zu Grunde. Für diese Untersuchungen waren zur Qualitätsbeurteilung der Messer in großem Umfang auch Prüfungen der Schneideigenschaften durchzuführen.

Da für diese Prüfungen zwar einige Verfahren bekannt sind, über deren Brauchbarkeit aber bisher nur sehr unzureichende Angaben vorliegen, waren zwangsläufig in dieser Hinsicht Untersuchungen vorzunehmen. Wegen der Bedeutung dieser Fragen ist die Bearbeitung dieses in sich abgeschlossenen Problemkreises über den in der oben genannten Arbeit aufgenommenen Umfang hinaus erfolgt, und es soll hier getrennt von den anderen Untersuchungsergebnissen darüber berichtet werden.

Eine Reihe der in oben angeführter Arbeit angesprochenen und untersuchten Probleme liegt der Dr.-Ing.-Dissertation von F. ESSELBORN zu Grunde, die von der Fakultät für Bergbau und Hüttenwesen der Rheinisch-Westfälischen Technischen Hochschule Aachen genehmigt worden ist. Die wissenschaftliche Betreuung dieser Dissertation hatte dankenswerterweise Herr Dr. phil. A. ROSE übernommen.

Weitere Ergebnisse des gesamten Forschungsvorhabens sollen in späteren Heften dieser Schriftenreihe veröffentlicht werden.

II. Einleitung und Aufgabe

Schneidfähigkeit und Schneidhaltigkeit zählen zweifellos zu den wichtigsten Eigenschaften eines Messers. So ist es nur natürlich, daß die seit Beginn des Jahrhunderts verschiedentlich durchgeführten Untersuchungen über die Qualität eines Haushaltsmessers und die diese Qualität beeinflussenden Faktoren in großem Umfang die Überprüfung der Schneideigenschaften zur Qualitätsbeurteilung heranziehen. Alle diese Arbeiten befassen sich intensiv mit der Entwicklung geeigneter Prüfmethoden für die Ermittlung von Kennwerten des Schneidverhaltens eines Messers. Keine davon ist aber wesentlich über diese Fragen hinausgegangen, um in weiteren, großangelegten Untersuchungen die Brauchbarkeit der jeweiligen Verfahren für die Verwendung in der Praxis nachzuweisen. Es kann somit kaum verwundern, wenn trotz dieser Arbeiten heute noch immer der größte Teil der mit den Schneideigenschaften und ihrer Beeinflussung zusammenhängenden Fragen ungeklärt ist. Mit ein Grund dafür ist auch, daß bereits die Messung von Schneidfähigkeit und Schneidhaltigkeit auf eine Vielzahl von Schwierigkeiten stößt. Diese Schwierigkeiten beginnen schon bei der Festlegung der Prüfbedingungen. Da wäre zunächst die grundlegende Entscheidung, ob ein reiner Druckschnitt oder ein unter Druck ziehender Schnitt verwendet werden soll. Daneben spielt die Wahl eines geeigneten Prüfwerkstoffes eine große Rolle. Bei den Verfahren, die sich für eine Prüfung mit dem ziehenden Schnitt entschieden haben – und das ist der größte Teil –, treten als weitere Einflußmomente die Schnittgeschwindigkeit und die Schnittlänge hinzu. Schließlich bietet auch noch die Auswertung der Meßergebnisse zusätzliche Variationsmöglichkeiten.
So wird es in gewisser Weise verständlich, daß bei Arbeiten, die sich mit Qualität von Messern befaßten, schließlich jeweils erneut Prüfmethoden für die Erfassung der Schneideigenschaften entwickelt wurden. Das hat den Nachteil, daß die Ergebnisse dieser Arbeiten nur in ganz allgemeiner Aussage verwendbar sind. Ein Vergleich von Ergebnissen, die auf verschiedene Weise, d. h. nach verschiedenen Prüfmethoden erhalten wurden, ist nicht möglich.
Im Rahmen von Untersuchungen über den Einfluß der Formgebung und Wärmebehandlung auf die Eigenschaften von Messerklingen waren zwangsläufig zur Qualitätsbeurteilung vor allem auch die Schneideigenschaften mit heranzuziehen. So war es unumgänglich notwendig, ausführlichen Betrachtungen über die vielfältigen Einflußmöglichkeiten und ihrer Größenordnungen nachzugehen. Ausgehend von den bereits bekannten Veröffentlichungen wurden ergänzend eine Reihe eigener Versuche durchgeführt. Über die Einflüsse der Prüfbedingungen auf die Ergebnisse von Schneideigenschaftsprüfungen sind damit eine Reihe von Erkenntnissen gewonnen worden, die in vorliegender Arbeit zusammengefaßt mitgeteilt werden sollen.

III. Kritische Betrachtung der Verfahren

1. Prinzipien der Verfahren

Eingangs wurde schon angedeutet, daß sich bereits eine ganze Anzahl von Arbeiten mit den Schneideigenschaften von Messern befaßt, und zwar vorzugsweise mit deren wertmäßiger Erfassung durch ein Prüfverfahren. Dennoch ist es bis heute keinem Verfahren möglich geworden, in größerem Maße in der Praxis Eingang zu finden. Jeder Verfasser stellt seiner Arbeit eine mehr oder weniger ausführliche kritische Betrachtung der jeweils schon bekannten Verfahren voran. Man mag daraus ersehen, welche Schwierigkeiten sich dieser Aufgabenstellung seit jeher in den Weg gestellt haben. Im folgenden soll auf die Grundlagen der wichtigsten Verfahren und die daraus herrührenden prinzipiellen Unterschiede näher eingegangen werden.

Ein Verfahren zur Prüfung der Schneideigenschaften von Messern ist seiner Natur nach ein technologisches Prüfverfahren. Als solches unterliegt es der Bedingung, die Beanspruchung des Werkstückes möglichst ähnlich wie beim Gebrauch in der Praxis durchzuführen. Dabei sollen durch die Wahl der Prüfbedingungen, insbesondere des Prüfwerkstoffes, die Versuche zu zahlenmäßig abstufbaren Ergebnissen führen, um die Schneideigenschaften wertmäßig zu erfassen. Durch Intensivierung der Beanspruchung versucht man, in möglichst kurzen Zeiten zu Ergebnissen zu kommen. Damit wäre für die Verwendung zu laufenden Kontrollmessungen in der Praxis oder zu großen Versuchsserien in der Forschung eine wichtige Vorbedingung erfüllt. Dabei ist jedoch zu bedenken, daß man mit immer mehr verschärften Prüfbedingungen zwar in kürzeren Zeiten zu Ergebnissen kommt, daß die Rückschlüsse auf das Verhalten in der Praxis aber immer fraglicher werden.

Bei der Prüfung von Schneideigenschaften können wir unter den bereits entwickelten Verfahren zunächst zwei Gruppen im Hinblick auf das Grundprinzip der Prüfmethode unterscheiden. Einige Verfahren verwenden dabei zur Prüfung ausschließlich den drückenden Schnitt, während bei der Mehrzahl der Prüfungen ein unter gewissem Druck ziehender Schnitt zugrunde gelegt wird.

Zu den Verfahren, die vom reinen Druckschnitt ausgehen, zählt u. a. das von THUNBERG [1]. Hierbei wird die Schlinge eines Fadens bestimmter Festigkeit zertrennt und die erforderliche Kraft gemessen. In Verbindung mit der für das Trennen der Schlinge ohne Schnitt (mit dünnerem Rundstab) aufzuwendenden Kraft wird ein Kennwert für die Schneidfähigkeit gebildet. Mit einer solchen Prüfung wird jedoch nur ein sehr kleiner Schneidenabschnitt geprüft. Man kann also dieses Ergebnis keineswegs auf die Gesamtschneide übertragen. Weiterhin ist eine Aussage über die Schneidhaltigkeit ohne weiteres nicht möglich, da eine dazu erforderliche reproduzierbare Abstumpfung der Schneide zwischen den einzelnen Messungen nicht erfolgt oder auch nur vorgesehen ist. Am schwerwiegendsten ist jedoch der Umstand, daß diese Prüfung allenfalls für Messer, die unter drückendem Schnitt arbeiten, zu Ergebnissen führt, die Rückschlüsse auf die Verwendung in der Praxis ermöglichen. Für Messer, die mehr oder weniger im ziehenden Schnitt arbeiten, ist eine solche Prüfung zu mindestens unvollständig, wenn nicht überhaupt ohne praktischen Wert, da beim ziehenden Schnitt Einflußfaktoren auftreten (wie z. B. Schartigkeit), die durch eine Prüfung im reinen Druckschnitt gar nicht erfaßt werden.

Dieser letztgenannte Nachteil – keine Übertragbarkeit der Ergebnisse auf Bedingungen beim ziehenden Schnitt – haftet auch dem Verfahren von KLEMM [2] an. Es bestimmt die Schneidfähigkeit durch Eindrücken der Schneide in einen Rundstab aus Blei, wobei die Sehnenlänge des darin verbleibenden Eindruckes als Maß für die Schneidfähigkeit verwendet wird. Für die Bestimmung der Schneidhaltigkeit wird die Schneide senkrecht auf einen Rundstab hochgehärteten Stahles gedrückt und die Länge des in der Schneide entstehenden Eindruckes als Meßgröße für die Schneidhaltigkeit benutzt. An den von KLEMM durchgeführten Versuchen werden ausführliche, mathematisch exakt formulierte Zusammenhänge zwischen den verschiedenen Einflußgrößen aufgezeigt und in zahlreichen Diagrammen und Nomogrammen wiedergegeben. Das kann jedoch nicht darüber hinweg täuschen, daß diese Art der Prüfung mit der normalen Verwendung eines Haushaltmessers und der meisten gewerblichen Messer gar nichts mehr gemein hat. Für die Sonderfälle, in denen Messer vorwiegend im Druckschnitt verwendet werden, fehlt andererseits in der Arbeit jegliche Angabe über den Vergleich spezieller Ergebnisse mit Erfahrungen der Praxis.

Eine Schneidprüfung führt von Natur aus zu einem Ergebnis, welches durch das Zusammenwirken verschiedenster Einflüsse bestimmt wird. Daher sollte man dabei nicht irgendwelche Einflußfaktoren ausschalten wollen, die im praktischen Gebrauch doch stets auftreten. Beim Druckschnittverfahren bleiben jedoch der Einfluß der Anfangsschartigkeit der Klinge, bestimmt durch den Abzug und die Auswirkung der Schartigkeit während des Verschleißes, in großem Maße durch die Gefügeausbildung bestimmt, unberücksichtigt. Daß aber gerade diese beiden Faktoren eine nicht unerhebliche Rolle spielen, ist zum Teil schon in anderen Arbeiten nachgewiesen worden.

Vor allem aber läßt diese Prüfung im Druckschnitt keine Aussage zu über die Haltbarkeit einer Schneide. Wenn KLEMM auch Werte für die Schneidhaltigkeit angibt, so muß beachtet werden, daß diese von ihm wie folgt definiert wird: »Schneidhaltigkeit ist der Widerstand, den eine Schneide in der Hauptsache mechanischen, aber auch chemischen und thermischen Einflüssen entgegensetzt.« Man sieht, daß also die »Schneidhaltigkeit«, wie sie normalerweise als Verminderung der Schneidfähigkeit beim Gebrauch angesehen wird, nicht bestimmt wird. Für die Qualitätsbeurteilung von Haushaltmessern empfiehlt es sich also eher, Prüfmethoden einzusetzen, bei denen das Messer entsprechend dem praktischen Gebrauch unter einem gewissen Druck im ziehenden Schnitt beansprucht und abgestumpft wird.

Wohl mit aus diesen Gründen liegt auch der Mehrzahl der bekannten Schneidprüfverfahren dieses Prüfprinzip zugrunde. Die älteren Verfahren sind sich dabei in der technischen Durchführung der Prüfung sehr ähnlich. In allen Fällen wird mit dem Messer unter einer gewissen Kraft Prüfwerkstoff zerschnitten.

Während bei dem Verfahren von HONDA und TAKAHASI [3] die Klingen von Hand hin und her bewegt werden und damit vergleichbare Bedingungen in der Schnittgeschwindigkeit kaum gegeben sind, wird bei den Verfahren von KNAPP [4] und von HENDRICHS [5] die Schneidbewegung maschinell in bestimmter, stets gleicher Weise durchgeführt.

In der Wahl der Prüfbedingungen jedoch unterscheiden sich die Verfahren in beträchtlichem Maße. So sind Schnittkraft und Hub in allen Fällen verschieden. Desgleichen wird auch jeweils ein anderer Prüfwerkstoff (allerdings immer Papier bzw. Karton in einzelnen Streifen übereinandergelegt) verwendet, und auch der zu durchschneidende Querschnitt ist bei den einzelnen Verfahren anders festgelegt. Weitere in unterschiedlicher Größe konstant gehaltene Einflußfaktoren sind Hublänge, Schnittgeschwindigkeit und schließlich die geometrische Gestaltung der Klinge. Letzten Endes wird auch noch die Auswertung der Prüfung und die Ergebnisbildung in stets anderer Weise durchgeführt, wobei das Verfahren von KNAPP später von KOLBERG [6] noch abgeändert wurde.

Allen diesen Verfahren haftet jedoch der Nachteil an, daß sie einen sehr hohen Zeitbedarf für die einzelne Prüfung aufweisen. Somit sind sie für den Einsatz zu großzahlenmäßigen Versuchsprogrammen nicht sehr günstig und eignen sich auch nicht für intensive, laufende Kontrollmessungen in der Produktion.

Um diesem Mangel abzuhelfen, ist in neuerer Zeit von STÜDEMANN und MÜCHLER [7] ein Prüfverfahren entwickelt worden, mit dem in tragbaren, kürzeren Zeiten Prüfergebnisse anfallen. Eine Verkürzung der Prüfdauer wird hier durch Erhöhung der Prüfgeschwindigkeit wie aber auch z. T. durch Verschärfung der Prüfbedingungen erreicht. Die Erhöhung der Prüfgeschwindigkeit wurde einmal dadurch möglich, daß der Schneide durch entsprechende Konstruktion selbständig stets neuer Prüfwerkstoff zum Zerschneiden zugeführt wird, wodurch u. a. das bei den anderen Verfahren zeitraubende nach jedem einzelnen Schnitt erforderliche Nachführen und Neueinspannen des Prüfwerkstoffes entfällt. Zum anderen wird der Schneidvorgang nur laufend in einer Richtung vorgenommen, wodurch Stillstand an den Umkehrpunkten und Beschleunigung bei der Richtungsänderung vermieden wird. Eine Intensivierung der Prüfbedingungen erreichen STÜDEMANN und MÜCHLER dadurch, daß die Klinge zwangsweise in einem Schnitt den gesamten zugeführten Prüfstoffquerschnitt trennt. Die stumpfer werdende Schneide bedarf dann einer höheren Schnittkraft, deren Anstieg als Maß für die Schneidhaltigkeit (hier Standfähigkeit genannt) dient. Damit unterscheidet sich dieses Verfahren auch im Prinzip von den vorerwähnten älteren Methoden. Bei diesen wurde ja mit konstanten, verhältnismäßig nicht sehr hohen Schnittkräften gearbeitet. Die stumpfere Klinge braucht dann entsprechend mehr Schnitthübe, um den vorgegebenen Prüfwerkstoffquerschnitt zu trennen. Wieweit diese verschiedenen Prüfprinzipien auf die Ergebnisbildung von Einfluß sind, soll an anderer Stelle näher untersucht werden.

2. Das Fehlen von Absolutwerten

Eine weitere Frage, die bei näherer Beschäftigung mit den Problemen der Schneideigenschaften auftaucht, ist die Frage nach der Grenze der Schneidfähigkeit. Das heißt ganz einfach gefragt: Was ist stumpf?

Diese Frage wird auch von KLEMM aufgegriffen, und er schreibt dazu, daß eine Abgrenzung »scharf« gegen »stumpf« nicht möglich sei. Vielmehr wäre eine Schneide von Anbeginn der Benutzung stumpf und würde beim Schneiden stumpfer. Der mechanische Abzug ermögliche ja keine theoretisch »scharfe« Schneide, da durch Ausreißen der vordersten Spitze bzw. durch Bildung eines Grates und dessen Abrechnen bereits eine gewisse Stumpfheit vorliege.

Das könnte jedoch nur als rein theoretische Betrachtung gewertet werden. Im allgemeinen Gebrauch jedoch werden die Begriffe »stumpf« und »scharf« in anderer Bedeutung verwendet. So kennzeichnet »stumpf« den Zustand eines Messers bzw. einer Schneide, welcher die Erfüllung der gestellten Schneidaufgaben nicht mehr zuläßt. Selbstverständlich ist unter diesen Voraussetzungen eine eindeutige Abgrenzung nicht ohne weiteres gegeben. Zu viele Einflüsse wirken auf die Schneidfähigkeit ein – Schnittkraft, Schnittgeschwindigkeit, zu schneidendes Material –, so daß für jeden Einflußfaktor auch Grenzbedingungen festgelegt werden müßten. In der täglichen Praxis ist natürlich der Begriff »stumpf« zusätzlich sehr subjektiven Einflüssen ausgesetzt.

Das Fehlen einer solchen Aussagemöglichkeit ist aber ein großer Nachteil und hinterläßt bei den einzelnen Verfahren eine ziemliche Lücke. So ist es nur möglich, vergleichende Versuche an den verschiedenen Messern vorzunehmen. Gerade aber die Aussage über die Schneidhaltigkeit einer Klinge leidet unter dem Fehlen einer Grenze zwischen »scharf« und »stumpf«. Für die Praxis ist der kontinuierliche Abfall der Schneidfähigkeit beim Gebrauch oft erst in zweiter Linie interessant. Viel wichtiger ist die Aussage, wie lange eine bestimmte Schneidaufgabe erfüllt werden kann, bis eine bestimmte Stumpfung (Schneidfähigkeit) erreicht ist.

Das rein theoretische (aber praktisch mögliche) Diagramm in Abb. 1 möge das veranschaulichen. Es ist das Abstumpfen (der Schneidfähigkeitsabfall) zweier Klingen (a und b) aufgezeigt über der Dauer der Schneidbeanspruchung. Die Klinge a weist zu Beginn eine höhere Schneidfähigkeit auf, ist also schärfer als Klinge b. Im Punkte A schneiden sich beide Kurven. Hier wäre also für beide Klingen nach gleicher Beanspruchungsdauer die gleiche Schneidfähigkeit erreicht. Würde die Grenze der Schneidfähigkeit über diesem Punkt, beispielsweise bei B, liegen, so ist die Klinge a als besser anzusprechen, da sie bis zum Erreichen dieser Schneidfähigkeit länger beansprucht werden kann. Unterhalb dieses Punktes, z. B. bei C, kehrt sich das Verhältnis um, und die Klinge b ist günstiger.

Es ist anzunehmen, daß vor allem auch dieser Umstand schuld daran ist, daß bisher noch kein Verfahren größere Verwendung in der Industrie gefunden hat.

Bei der Prüfung im Fertigungsbetrieb möchte man durch eine einzige, möglichst kurzfristige Prüfung die Schneideigenschaften eines Messers genau erfassen, und zwar – ohne große zusätzliche Rechen- und Denkmanipulationen – gleich in der zu den an das betreffende Messer gestellten Anforderungen richtigen Relation.

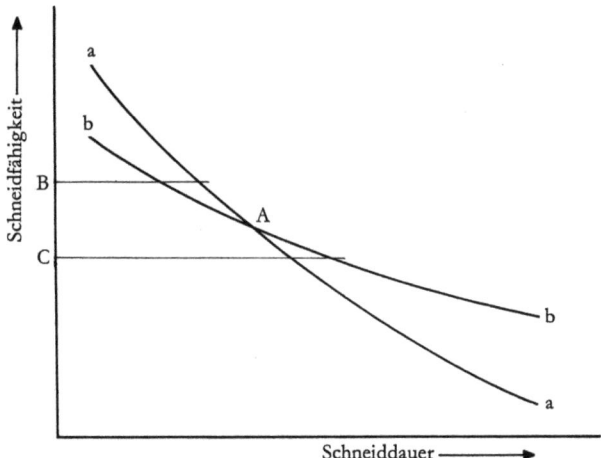

Abb. 1　Prinzipdiagramm der Schneidfähigkeitsverminderung bei zwei Messern mit verschiedener Schneidhaltigkeit

Hier bleibt noch eine große Aufgabe zu erfüllen. Zweifellos ist diesem Problem nur durch sehr groß angelegte praktische Versuche näherzukommen. Es muß ja jeder der vielen möglichen Verwendungszwecke von Messerklingen für sich berücksichtigt und die gesamten Prüfbedingungen einschließlich der oben erwähnten Grenze der Mindestschneidfähigkeit jeweils erneut abgestimmt werden. Dabei ist mit Sicherheit anzunehmen, daß die Aussagen über die Lage einer solchen Grenze auf Grund der verschiedenen persönlichen Ansichten über die Schneidleistung und der stark subjektiven Einflüssen unterliegenden Beurteilung des Schneideverhaltens in der Praxis sehr unterschiedlich sein werden.

Als einziger versucht HENDRICHS diesem Umstand Rechnung zu tragen. Er führt die »Grenze der Gebrauchsschnittfähigkeit« ein. Die Auswertung seiner Ergebnisse ist allerdings recht verwirrend. Das liegt vor allem daran, daß er die Schneidhaltigkeit und die Schneidfähigkeit gegenseitig in Beziehung setzt.

3. Die Empfindlichkeit der Verfahren

Die Festlegung der oben erwähnten Grenzen der »Gebrauchsschnittfähigkeit« erscheint aber sinnvoll, um eine Bezugsgröße zur Beurteilung der Empfindlichkeit der Verfahren zu erhalten. Es sind zwar mit den einzelnen Verfahren Unterschiede des Schneidverhaltens in Abhängigkeit von verschiedenen Einflüssen aufgezeigt worden, aber kein Verfasser hat von seinem Verfahren angegeben, mit welcher Empfindlichkeit diese Unterschiede im Schneidverhalten gemessen werden. So ist noch nicht geklärt, ob die untersuchten und festgestellten Einflüsse wirklich sehr wesentlich sind oder vielleicht nur so stark in Erscheinung treten, weil das betreffende Verfahren sie sehr empfindlich registriert.

Besonderes Interesse kommt der Feststellung der Empfindlichkeit zu, da davon auch die Prüfbedingungen betroffen sind. Jede einzelne Einflußgröße muß bei der Prüfung konstant gehalten werden, was sich oft nur in mehr oder weniger engen Grenzen ermöglichen läßt. Gerade aber diese Grenzen so festzulegen, daß eine hinreichende Konstanz erreicht wird, bedarf der Beurteilung der Empfindlichkeit. Andererseits sind aber gerade die verschiedenen Prüfbedingungen maßgebend für die Empfindlichkeit, mit der die Ergebnisse registriert werden. Eine Änderung der Prüfbedingungen ist in den bisher erschienenen Arbeiten stets nur im Hinblick auf eine Änderung des Ergebnisses der Prüfung untersucht worden. Viel bedeutsamer ist jedoch der Einfluß solcher Änderungen auf die Empfindlichkeit der Anzeige.

Da die Bedingungen für die Prüfung einer Klinge, insbesondere von der Klinge her, niemals vollständig reproduzierbar sind, muß bei den Ergebnissen stets mit mehr oder weniger großen Streuungen gerechnet werden. Selbstverständlich wird man stets bestrebt sein, diese Streuungen so gering wie irgend möglich zu halten. Hierbei wird aber schließlich auch eine Aussage über die Meßgenauigkeit wichtig, um eine tragbare Streugrenze der Ergebnisse fixieren zu können.

Aus diesen Gründen ist in der vorliegenden Arbeit besonderes Augenmerk auf die Empfindlichkeit des Meßverfahrens und ihre Beeinflussung durch Änderung der Prüfbedingungen gerichtet worden.

IV. Einflüsse von seiten der Prüfbedingungen

1. Prüfwerkstoff

Bei der Entwicklung von Schneiden-Prüfverfahren spielt insbesondere die Wahl des Prüfwerkstoffes eine nicht zu unterschätzende Rolle. STÜDEMANN und MÜCHLER formulieren die Forderungen, die an einen solchen Prüfwerkstoff gestellt werden müssen. Danach muß er homogen, lagerbeständig, reproduzierbar und billig sein. Die Ergebnisse des vorliegenden Berichtes lassen aber eine weitere Forderung unabdingbar erkennen: Der Prüfwerkstoff muß bei guter Abstumpfungsfähigkeit genügend fein abgestufte Ergebnisse ermöglichen. MÜCHLER hat jedoch bei seinen umfangreichen Schneidversuchen mit verschiedensten Werkstoffen die Frage der Empfindlichkeit außer acht gelassen und ausschließlich auf eine rasche und stetige Abstumpfung der Schneide Wert gelegt. Auf Grund dieser Versuche wählte auch MÜCHLER für seine weiteren Untersuchungen den schon von KNAPP und KOLBERG verwendeten Manilakarton 260.

In der Verwendung eines Papierproduktes als Prüfwerkstoff sieht KLEMM den schwerwiegendsten Nachteil der Prüfverfahren mit ziehendem Schnitt. Insbesondere durch die Feuchtigkeitsaufnahme und deren Abhängigkeit von dem Feuchtigkeitsgehalt der Raumluft scheidet nach seiner Ansicht ein derartiges Material als Prüfwerkstoff aus. Da jedoch für die Prüfung im Zugschnitt andere Stoffe noch weniger geeignet sind, entwickelt KLEMM für die Schneideigenschaftsprüfung ein Verfahren, das den drückenden Schnitt verwendet. Wie eingangs erwähnt, ist aber ein solches Verfahren für Aussagen im Hinblick auf die praktische Verwendung eines Messers nur sehr bedingt anwendbar.

Trotz aller Berechtigung einer solch kritischen Stellungnahme zu der Frage des Prüfwerkstoffes dürfte darin jedoch kein schlüssiger Beweis dafür vorliegen, daß für ein Schneidprüfverfahren nur der Druckschnitt in Frage kommt. Vorab müßte doch erst einmal klar nachgewiesen werden, in welchem Maße die genannten Einflüsse wirksam werden, ob sie nicht eventuell zum Teil sogar unberücksichtigt bleiben können, zumindest, wenn man versucht, im Rahmen des Möglichen diese Einflüsse irgendwie konstant zu halten.

Auch MÜCHLER weist auf diesen Umstand hin. Mit einer behelfsmäßigen Versuchseinrichtung mißt er für verschiedene Luftfeuchtegehalte die Änderung der Papierhärte. Aus den ermittelten Werten schließt er, daß ein meßbarer Einfluß auf das Material im Bereich der normalerweise auftretenden Feuchtigkeitsschwankungen nicht gegeben ist. Wenn auch diese Art der Überprüfung keine eindeutigen Rückschlüsse auf die Auswirkungen bei der Schneidprüfung zuläßt, so kann doch angenommen werden, daß schwerwiegende Beeinflussungen kaum gegeben sein werden. Das mag auch daraus hervorgehen, daß in eigenen Versuchen nach weitestgehender Konstanz anderer Beeinflussungsgrößen keine merklichen Streuungen in den über mehrere Tage laufenden Schneidprüfungen mehr vorlagen. Viel erheblicher erscheint dagegen die Frage der Reproduzierbarkeit zu sein, auf die auch KLEMM hinweist. Die Forderung nach einem reproduzierbaren Prüfwerkstoff, die auch von STÜDEMANN und MÜCHLER erhoben wird, bedarf keiner weiteren Erklärung. Es fehlt jedoch leider der Hinweis darauf, wie dieses ermöglicht werden kann. Die Angabe »Manilakarton 260« dürfte alleine nicht genügen. So konnte in eigenen Untersuchungen festgestellt werden, daß Material aus zwei verschiedenen Sendungen des unter gleicher Bezeichnung und Hinweis auf die vorangegangene Lieferung bestellten und verkauften Prüfwerkstoffes zu unterschiedlichen Prüfergebnissen führte. In Abb. 2 sind Ergebnisse einer Schneidprüfung nach dem Verfahren von KNAPP aufgezeigt, bei denen abwechselnd jeweils fünf

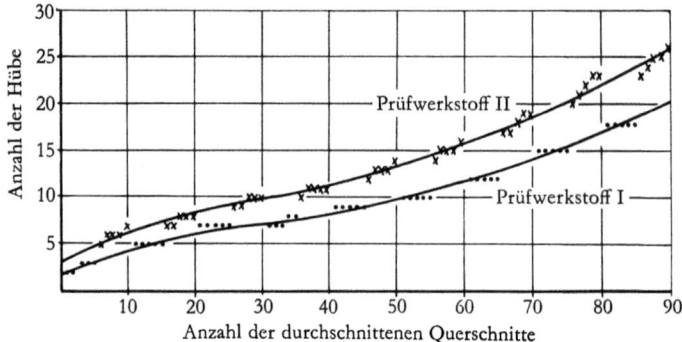

Abb. 2 Schneidprüfung nach dem Verfahren von KNAPP unter Verwendung zweier verschiedener Prüfwerkstoffe

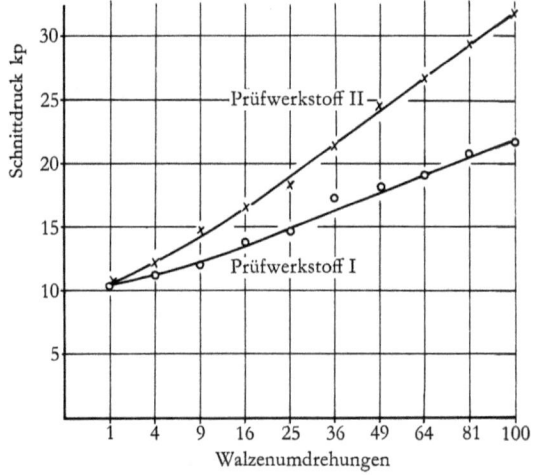

Abb. 3 Schneidprüfung nach dem Verfahren von STÜDEMANN und MÜCHLER unter Verwendung zweier verschiedener Prüfwerkstoffe

Kartonquerschnitte der beiden Prüfwerkstoffe verwendet wurden. Man erkennt, daß sich von Anfang an bei Prüfwerkstoff II eine schlechtere Schneidfähigkeit ergibt und auch eine etwas stärkere Abstumpfung des Messers auftritt. Beide Materialien wurden auch in Schneidprüfungen nach dem Verfahren von STÜDEMANN und MÜCHLER verglichen.

Die in Abb. 3 wiedergegebenen Ergebnisse zeigen eindeutig, daß der Prüfwerkstoff II eine stärkere Abstumpfung der Schneide bewirkt.

Inwieweit solche Unterschiede in Zukunft vermieden werden können, eventuell durch eine besonders detaillierte Angabe der Zusammensetzung und Herstellung des Prüfwerkstoffes, müßte in Verbindung mit den Lieferfirmen noch geklärt werden. Für die Untersuchungen in der vorliegenden Arbeit wurde durch entsprechende Maßnahmen und Überprüfungen gewährleistet, daß nur eine Sorte Prüfwerkstoff verwendet wurde.

2. Schnittgeschwindigkeit

Die Schnittgeschwindigkeit hängt bei den Verfahren, die darauf beruhen, daß das Messer in einer hin- und hergehenden Bewegung schneidet, von der Anzahl der Hübe pro Minute und von der Länge der Hübe ab. Bei dem von HONDA und TAKAHASI angegebenen Verfahren wird diese Bewegung von Hand durchgeführt, so daß sie subjektiven Einflüssen ausgesetzt ist. Es fehlen auch Hinweise auf eine Berücksichtigung dieser Einflußgröße.

KOLBERG geht in seinen Untersuchungen auch diesem Einfluß nach. Er variiert die Hubzahl unter Beibehaltung der gleichen Hublänge und verändert somit die Schnittgeschwindigkeit. Dabei muß man berücksichtigen, daß durch den Kurbelantrieb der von ihm benutzten Prüfmaschine ein sinusförmiger Verlauf der Geschwindigkeit der geradlinigen Bewegung der Klinge auftritt. An den verschiedenen Stellen der Schneide liegen also auch jeweils andere Schnittgeschwindigkeiten vor. Die angegebenen Schnittgeschwindigkeiten sind demnach nur die Mittelwerte.

KOLBERG führte diese Versuche an Messern aus verschiedenen Werkstoffen durch. Bei der Auswertung der Ergebnisse beschränkt er sich darauf, die verschiedenen Kurven (Anstieg der zum Durchschneiden eines Prüfstoffquerschnittes von 0,5 cm^2 erforderlichen Hübe mit zunehmender Menge geschnittenen Prüfwerkstoffes) nur für Messer einer Werkstoffart gegenüberzustellen. Dabei wird gänzlich außer acht gelassen, daß die Unterschiede im Schneidverhalten auch verschieden deutlich aufgezeigt werden, wenn die Schnittgeschwindigkeit verändert wird. Die von KOLBERG aufgezeigten Ergebnisse sind nachträglich auch in dieser Hinsicht ausgewertet worden. In Abb. 4 sind die Kurvenverläufe der drei verschiedenen Messersorten für eine Hubzahl von 10/min, entsprechend einer mittleren Schnittgeschwindigkeit von 1,2 m/min, aufgetragen. Die Unterschiede im Schneidverhalten werden nur ziemlich schwach erkennbar. Diese sehr langsame Schnittgeschwindigkeit wird von KOLBERG weiterhin nicht angewendet, da das

Verfahren recht zeitraubend im Hinblick auf den Einsatz bei Dauerprüfungen ist. Außerdem zeigen die verschiedenen Messer kein nennenswert unterschiedliches Schneidverhalten.

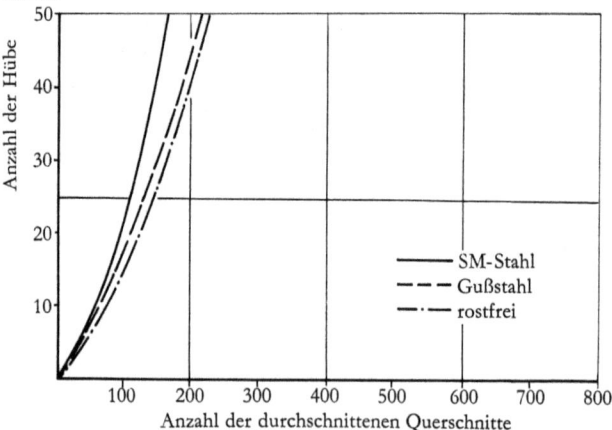

Abb. 4   Schneidprüfungen nach KOLBERG an verschiedenen Messern
Mittlere Schnittgeschwindigkeit 1,2 m/min

Die Abb. 5 zeigt die Ergebnisse bei einer Schnittgeschwindigkeit von 3,6 m/min (30 Hübe/min). Hierbei sind die verschiedenen Materialien sehr deutlich unterschieden. Bei einer Schnittgeschwindigkeit von 7,2 m/min (60 Hübe/min) sind die Unterschiede wieder nicht mehr so stark ausgeprägt (Abb. 6). Vor allem wird eine Unterscheidung der Ergebnisse bei den Messern aus Gußstahl und denen aus rostbeständigem Stahl erst nach mehr als 300 durchschnittenen Prüfstoffquerschnitten deutlich. Diese hohen Geschwindigkeiten sind allerdings für die Prüfung auch ungeeignet, da sie (wie KOLBERG auch erwähnt) die Beobachtung der Vorgänge beim Schneiden nicht mehr genau genug ermöglichen.

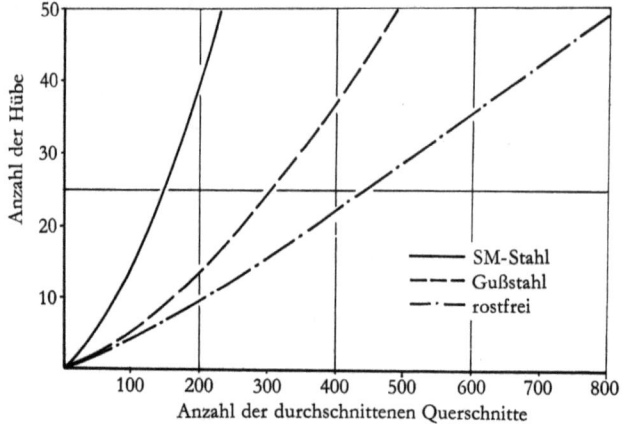

Abb. 5   Schneidprüfungen nach KOLBERG an verschiedenen Messern
Mittlere Schnittgeschwindigkeit 3,6 m/min

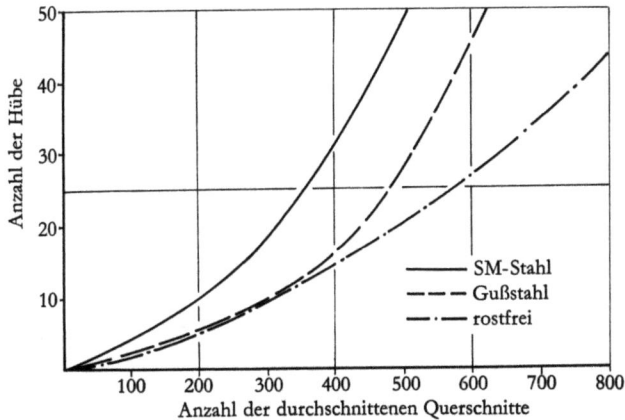

Abb. 6   Schneidprüfungen nach KOLBERG an verschiedenen Messern
Mittlere Schnittgeschwindigkeit 7,2 m/min

Bei den Untersuchungen über den Einfluß unterschiedlicher Formgebung auf die Eigenschaften von Messern, in deren Rahmen auch die hier berichteten Versuche durchgeführt wurden, lagen zur Prüfung zwangsläufig fertige Tafelmesser vor. Der geometrischen Form dieser Messer wegen war es für die Durchführung einer einwandfreien Prüfung der Schneideigenschaften erforderlich, die Hublänge auf 30 mm zu beschränken. Da die vorhandene Prüfmaschine keine Geschwindigkeitsregelung besitzt, wurden die Prüfungen mit 34 Doppelhübe/min durchgeführt. Das entspricht einer mittleren Schnittgeschwindigkeit von ca. 2 m/min.

Eigene Versuche beschränkten sich darauf, zwei Messer aus verschiedenem Material bei Prüfungen mit verschiedenen Schnittgeschwindigkeiten zu vergleichen. Außer der bei den übrigen Prüfungen verwendeten mittleren Schnittgeschwindigkeit von 2 m/min wurde für die Prüfungen eine mittlere Schnittgeschwindigkeit von 4 m/min gewählt. Dies konnte mit der vorhandenen Prüfeinrichtung jedoch nur durch die Verdoppelung der Hublänge auf 60 mm bei gleicher minutlicher Hubzahl erreicht werden.

In den Abb. 7 und 8 sind die Ergebnisse (mittlerer Schnittgeschwindigkeit 2 m/min) in der von KOLBERG übernommenen Darstellungsweise aufgetragen. Die Abb. 7 zeigt, daß die Kurve für das Messer Nr. 6 schneller ansteigt als die für das Messer Nr. 10. Messer 6 ist demzufolge als schlechter anzusprechen. Die Abb. 8 zeigt in gleicher Darstellung die Ergebnisse von Prüfungen dieser Messer mit einer mittleren Schnittgeschwindigkeit von 4 m/min. Die Unterschiede zwischen den beiden Messern sind hier auch noch erkennbar, aber nicht mehr so stark ausgeprägt. Sie werden erst nach einer größeren Menge durchschnittenen Prüfwerkstoffes deutlicher.

Es muß hier aber berücksichtigt werden, daß durch die gewählten Versuchsbedingungen bei der höheren Schnittgeschwindigkeit, auch ein doppelt so langer Schneidenabschnitt beansprucht wird, der demzufolge bei gleicher Menge Schnittgut noch nicht so stark abgestumpft ist. Es wird hier bereits erkennbar, daß

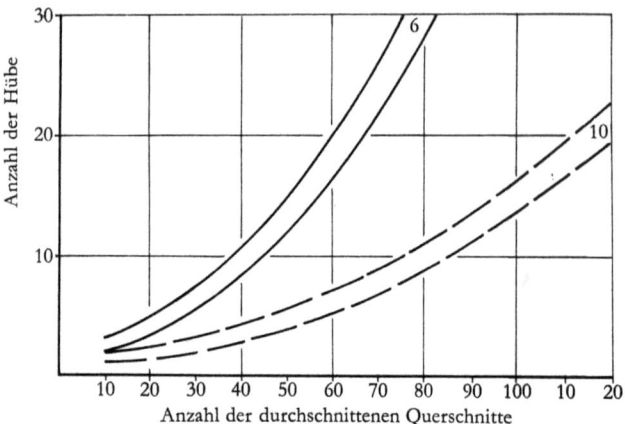

Abb. 7 Schneidprüfungen zweier verschiedener Messer nach dem Verfahren von KNAPP
Hublänge 30 mm, mittlere Schnittgeschwindigkeit 2 m/min

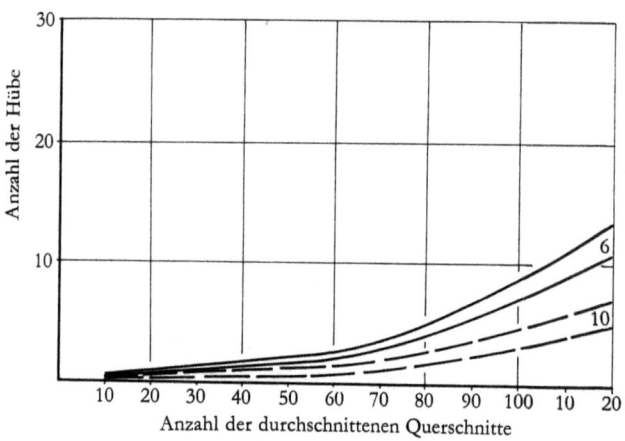

Abb. 8 Schneidprüfungen zweier verschiedener Messer nach dem Verfahren von KNAPP
Hublänge 60 mm, mittlere Schnittgeschwindigkeit 4 m/min

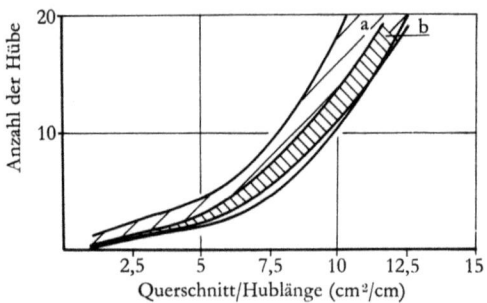

Abb. 9 Schneidprüfungen nach dem Verfahren von KNAPP
a-Hublänge 30 mm, mittlere Schnittgeschwindigkeit 2 m/min
b-Hublänge 60 mm, mittlere Schnittgeschwindigkeit 4 m/min

die von KOLBERG gewählten Aufzeichnungen der Ergebnisse nur dann zu eindeutigen Vergleichsaussagen führen, wenn sämtliche Bedingungen bei der Prüfung gleichgehalten werden.

In vorliegendem Beispiel mußte also in erster Linie berücksichtigt werden, daß die Menge geschnittenen Prüfwerkstoffes sich auf verschieden lange Eingriffslängen der Schneiden verteilt. Somit ist es sinnvoll, die Schnittgutmenge auf die Hublänge zu beziehen, wie es in Abb. 9 gemacht ist.

Es zeigt sich, daß nunmehr der Kurvenverlauf der mit 30 mm und mit 60 mm Hub geprüften Klinge sich deckt. Ob sich bei längerer Prüfdauer noch eine Unterscheidung ergibt, müßte in späteren Untersuchungen geklärt werden. Auffallend ist zudem, daß bei der Prüfung mit 60 mm Hub geringere Streuungen vorliegen.

Bei dieser Art der Auftragung enthält nun aber die Ordinate noch eine gewisse Ungenauigkeit. Die in etwa als Schneidfähigkeit anzusprechende Anzahl der Hübe, die nach der jeweilig bereits geschnittenen Menge Prüfwerkstoffs zum Durchschneiden eines weiteren Kartonblockes von 0,5 cm² erforderlich sind, lassen ebenfalls unberücksichtigt, daß der Hub unterschiedlich lang ist. Die gezeigte Darstellung der Ergebnisse müßte also so gedeutet werden, daß nach einem Schneiden von gleicher Menge Prüfwerkstoff pro Eingriffslänge der Klinge zwar die gleiche Anzahl Hübe zum Durchschneiden eines einzelnen Kartonblocks von 0,5 cm² benötigt wird, daß aber der Hub einmal nur 30 mm, zum anderen dagegen 60 mm beträgt. Letzteres ist zweifellos als schlechter anzusehen.

Es bietet sich noch eine andere Art der Darstellung des Abstumpfungsverhaltens an, wenn man den jeweiligen Gesamtweg der Schneide zugrunde legt und in Abhängigkeit davon die auf die Hublänge bezogene Gesamtmenge an Schnittwerkstoff aufträgt.

Hierbei zeigt sich (Abb. 10), daß bei gleichem Weg der Schneide weniger Prüfwerkstoff pro Hublänge zertrennt worden ist, wenn ein größerer Hub gewählt wird. Größerer Hub und gleichzeitig größere Schnittgeschwindigkeit erweisen sich somit als schlechter. Eine endgültige Ausdeutung dieser Ergebnisse ist allerdings nicht möglich, da ja mit der Hublänge, wie beabsichtigt, die Schnittgeschwindigkeit vergrößert wurde und somit zwei Einflußgrößen verändert

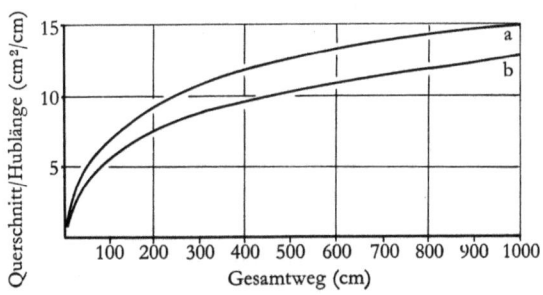

Abb. 10 Schneidprüfungen nach dem Verfahren von KNAPP
a-Hublänge 30 mm, mittlere Schnittgeschwindigkeit 2 m/min
b-Hublänge 60 mm, mittlere Schnittgeschwindigkeit 4 m/min

wurden. Der Einfluß der Schnittgeschwindigkeit kann erst eindeutig geklärt werden, wenn spätere Versuche mit anderen Prüfeinrichtungen durchgeführt worden sind, bei denen eine Änderung der Schnittgeschwindigkeit ohne gleichzeitige Veränderung der Hublänge möglich wird.

3. Schnittkraft

Dem Einfluß der Schnittkraft wird ebenfalls in der Arbeit von KOLBERG nachgegangen. Hier taucht erstmalig auch eine Beurteilung dieses Einflusses im Hinblick auf die Änderung der Anzeigeempfindlichkeit auf. So sind mit Messern aus verschiedenem Material Schneidversuche mit unterschiedlichen Schnittkräften (von 1000 bis 3000 p) durchgeführt worden. KOLBERG beobachtet bei einer Schnittkraft von nur 1 kp sehr starke Streuungen, weshalb er diese geringe Last für weitere Versuche nicht verwendet. Demgegenüber sind die Streuungen bei steigender Belastung geringer. Allerdings wird auch die Empfindlichkeit, mit der die vorhandenen Unterschiede in der Schneidleistung registriert werden, deutlich verringert. Aus den Ergebnissen von KOLBERG ist in den Abb. 11 und 12 dieser Einfluß dargestellt. Während bei einer Schnittkraft von 2 kp sich die verschiedenen Messersorten in ihren Schneideigenschaften deutlich unterscheiden (Abb. 11), sind schon bei einer Schnittkraft von 3 kp kaum noch Unterschiede festzustellen (Abb. 12), obwohl die Prüfung durch ein Schneiden von bald 1000 Prüfstoffquerschnitten zu 0,5 cm² sehr weit getrieben worden ist.
Wie anfangs beschrieben, wird bei dem Verfahren nach STÜDEMANN und MÜCHLER eine bedeutende Verkürzung der Prüfdauer dadurch erzielt, daß zwangsweise stets gleiche Mengen Prüfwerkstoff geschnitten werden. Der Anstieg der dazu erforderlichen Schnittkraft wird als Kenngröße für die Abstumpfung der Schneide ausgewertet. Dabei treten allerdings Kräfte auf, die mit 10–20 kp und mehr weit höher liegen als die mit dem Verfahren nach KNAPP von KOLBERG als schon zu hoch angesehene Kraft von 3 kp. STÜDEMANN und MÜCHLER versuchen jedoch nachzuweisen, daß das alte Hubzählverfahren nicht nur des langen Zeitbedarfs für eine Prüfung wegen zu verwerfen ist, sondern damit auch nach einem Vergleich der Ergebnisse mit denen des von ihnen entwickelten Verfahrens keine hinreichend verläßliche Kennzeichnung des Schneidverhaltens möglich ist. Es ist aber zu bedenken, daß man in den auftretenden Schnittkräften weit von den Gegebenheiten in der Praxis entfernt ist. In eigenen Versuchen, über die weiter unten berichtet wird, haben sich Auswirkungen dieser hohen Schnittkräfte gezeigt, die dazu veranlaßten, in weiteren Prüfungen doch das Hubzählverfahren einzusetzen. Verschiedene Beobachtungen und Erkenntnisse lassen jedenfalls den Schluß zu, daß die Ergebnisse bei den Schneidenprüfungen mit dem Verfahren nach MÜCHLER erst in einem Stadium der Schneide erhalten werden, in dem diese normalerweise im praktischen Gebrauch eindeutig als stumpf angesprochen werden würde. Andererseits ist es mit dem Prüfverfahren möglich, den Werkstoffverschleiß sehr rasch festzustellen und damit Rückschlüsse auf das Werkstoffverhalten zu ziehen.

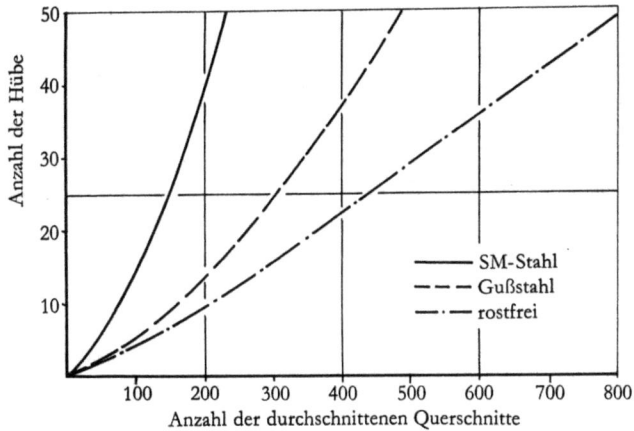

Abb. 11 Schneidprüfungen nach Kolberg an verschiedenen Messern
Schnittkraft 2 kp

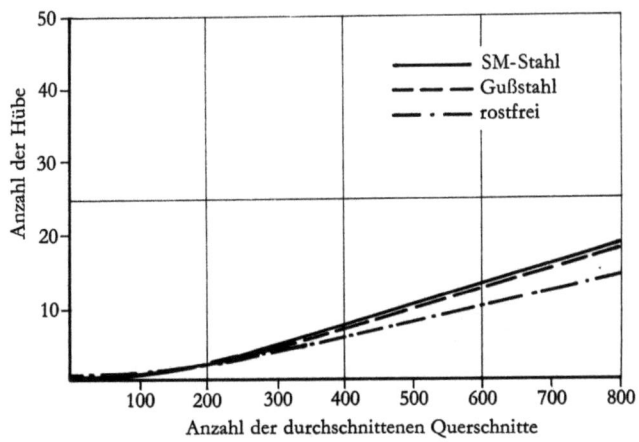

Abb. 12 Schneidprüfungen nach Kolberg an verschiedenen Messern
Schnittkraft 3 kp

Im Rahmen der Untersuchungen über den Einfluß unterschiedlicher Herstellungsarten auf die Eigenschaften von Messern wurden zur Überprüfung der Schneideigenschaften das Verfahren von Stüdemann und Müchler und in besonderem Maße das von Knapp eingesetzt. Die Einflüsse, die zur Bildung eines Prüfergebnisses der Schneideigenschaftsprüfung beitragen, sind so mannigfaltig und konnten auch in diesen Untersuchungen nicht bis ins letzte aufgedeckt werden, so daß man sich bei den Beurteilungen nicht auf Einzelergebnisse verlassen durfte. Trotz sorgfältigster Vorbereitung der Klingen konnte keine hundertprozentige Reproduzierbarkeit der Ergebnisse erzielt werden. Es war demnach zwangsläufig notwendig, die einzelnen Klingen nach jeweils erneutem Schneidenabzug mehrmals zu prüfen. Dabei sei darauf hingewiesen, daß alleine schon durch die Schartigkeit der Schneide und die Bildung eines Grates unkontrollierbar variable Einflüsse vorhanden sind.

Weiterhin konnte man bei den vorgenannten Untersuchungen nicht ein einzelnes Messer als typisch ansprechen, sondern war gezwungen, aus jeder Herstellungsgruppe mehrere Messer zu überprüfen. Auch bei der Herstellung und Verarbeitung der Klingen konnten, besonders da es sich um eine betriebliche Fertigung handelte, gewisse Unterschiede auftreten, was späterhin auch nachgewiesen werden konnte. Einer dieser Fälle ist im Zusammenhang mit dem Einfluß der Schnittkraft von besonderem Interesse und soll hier herausgestellt werden.

Bei der Überprüfung einiger Messer, die aus dem gleichen Material nach dem gleichen Verfahren hergestellt worden waren, fiel das deutlich schlechtere Schneidverhalten eines Messers auf. Die Abb. 13 zeigt, daß selbst bei den recht großen Streuungen bei den Messungen an den einzelnen Messern diese Unterschiede registriert wurden. Da die Härteprüfung keine Unterschiede erkennen ließ, konnte die Ursache erst durch eine Gefügebeurteilung geklärt werden. Das Messer mit dem schlechteren Schneidverhalten war unsachgemäß gehärtet worden, was zu einer starken Kornvergrößerung bei weitestgehender Auflösung der Chromkarbide geführt hatte.

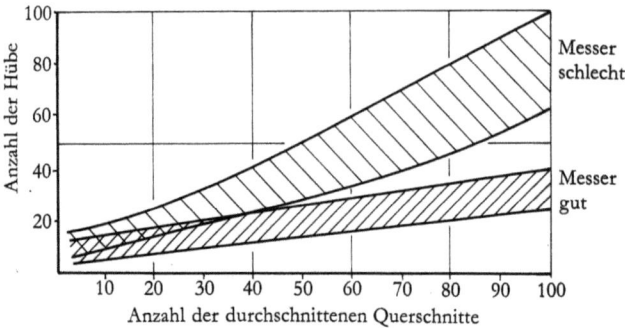

Abb. 13   Schneidprüfungen nach dem Verfahren von KNAPP
          Messer guter und schlechter Schneideigenschaften

Die Schneideigenschaften dieses Messers sind auch nach dem Verfahren von STÜDEMANN und MÜCHLER überprüft worden. Bei einem Vergleich mit Ergebnissen von anderen Messern dieser Herstellungsart ließen sich hierbei keinerlei Unterschiede feststellen. Die Vermutung lag nahe, daß durch die bei dieser Prüfung auftretenden höheren Schnittkräfte eine Unterscheidung nicht möglich ist. Daraufhin wurde das schlechte und ein gutes Messer nach dem Prüfverfahren von KNAPP überprüft, wobei die Belastung mit 13 kp der bei dem Verfahren von STÜDEMANN und MÜCHLER auftretenden Schnittkraft angeglichen war. Nunmehr ließ sich auch mit dem Hubzählverfahren kein Unterschied mehr feststellen.

Die Abb. 14 und 15 zeigen ergänzend die Schneide des schlechten und eines guten Messers aus gleichem Material und Herstellungsverfahren, nachdem beide ungefähr die gleiche Menge Prüfwerkstoff zerschnitten haben, das schlechtere Messer

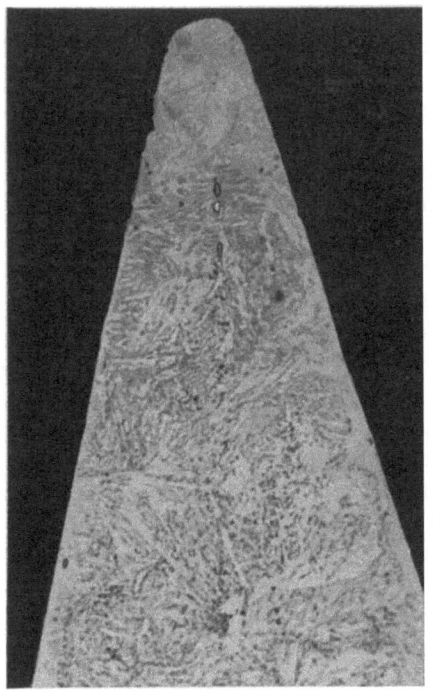 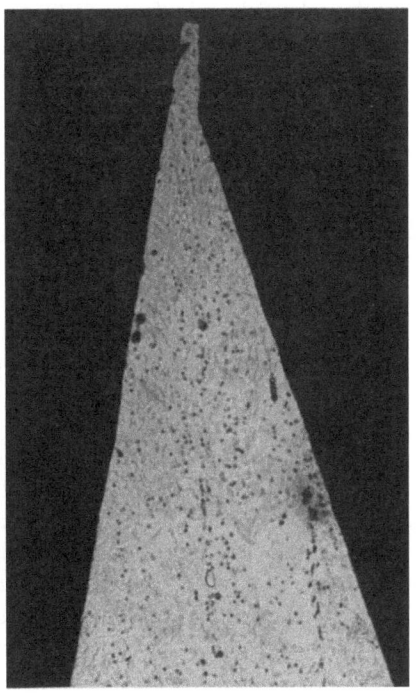

Abb. 14 Schneide des Messers schlechter Schneideigenschaften nach einer Schneidenprüfung 500:1

Abb. 15 Schneide des Messers guter Schneideigenschaften nach einer Schneidenprüfung 500:1

allerdings mit sehr viel mehr Hüben. Es ist deutlich zu erkennen, wieviel stärker das schlecht schneidende Messer bereits abgestumpft ist. An diesen Querschliffen ist außerdem durch Ätzung das Gefüge sichtbar geworden, so daß man hier das gröbere Korn und die fast vollständige Auflösung der Chromkarbide bei dem schlechteren Messer erkennen kann. Mit diesem Beispiel wurde ganz deutlich die bereits von KOLBERG beobachtete Beeinflussung der Empfindlichkeit des Meßergebnisses durch die Prüfkraft festgestellt.

Nach den von KOLBERG gewonnenen Erkenntnissen sind die weiteren Untersuchungen mit einer Schnittkraft von 2 kp durchgeführt worden. Es war jedoch erforderlich, in eigenen Versuchen durch die Änderung der Schnittkraft deren Einfluß aufzuzeigen. Einerseits hat KOLBERG seine diesbezüglichen Versuche mit einer anderen Schnittgeschwindigkeit durchgeführt, andererseits verwendete er Messer mit einem doppelseitigen symmetrischen Schneidenabzug. So sind die Ergebnisse nicht ohne weiteres übertragbar. Zudem bringt der doppelseitige Abzug zusätzliche unkontrollierbare Einflüsse mit sich [8]. Es wurde daher im Rahmen dieser Arbeit auf den einseitigen Abzug zurückgegriffen.

Einige Versuche sollten dazu dienen, den bei den im Hinblick auf Hublänge, Abzug und Schnittgeschwindigkeit gewählten Versuchsbedingungen auftretenden

Einfluß der Schnittkraft der Größenordnung nach aufzuzeigen, um eine Einordnung der erzielten Ergebnisse sowie ihrer Unterschiede und Streuungen zu ermöglichen.

Es sei schon im voraus darauf hingewiesen, daß auch bei diesen Versuchen, wie nicht anders zu erwarten, mit steigender Schnittkraft die Anzahl der zum Durchschneiden des Prüfwerkstoffes erforderlichen Hübe abnimmt. Auch zeigt bei einer Auftragung der Ergebnisse im Diagramm der Kurvenverlauf für die höheren Schnittkräfte einen langsameren Anstieg. Die bisher aus diesen Beobachtungen gezogenen Schlüsse, daß mit steigender Schnittkraft Schneidfähigkeit und Schneidhaltigkeit verbessert erscheinen, bedürfen jedoch einer Ergänzung.

Bei dem Hubzählverfahren wird ja ausschließlich die Zahl der Hübe, die zum Durchschneiden eines Prüfwerkstoffquerschnittes benötigt wird, als ein Maß für die Schneideigenschaften herangezogen. Steigende Hubzahl bedeutet Verringerung der Schneidfähigkeit!

Hierbei wird bereits außer acht gelassen, daß die Hublänge veränderlich sein kann. Richtiger wäre also die Angabe des Schneidweges. Jedoch setzt sich dieser zusammen aus der Schnittgeschwindigkeit und der Dauer des Schneidens. Da besonders die Schnittgeschwindigkeit nicht ohne Einfluß sein dürfte – mit der vorhandenen Versuchseinrichtung konnten zur eindeutigen Bestätigung keine Versuche durchgeführt werden –, sind diese beiden Faktoren zunächst getrennt zu betrachten. Es bleibt noch zu klären, ob es von Einfluß ist, wenn der gleiche Gesamtweg in kürzerer Zeit durch höhere Geschwindigkeit oder in längerer Dauer bei geringerer Geschwindigkeit zurückgelegt wird. Schließlich ist auch noch zu berücksichtigen, wie groß die Hublänge, also der beanspruchte Schneidenabschnitt ist.

Außer diesen Faktoren, deren Erhöhung einer Verschlechterung der Schneidfähigkeit entspricht, spielt auch die zu schneidende Querschnittfläche eine Rolle. Diese ist direkt proportional der Schneidfähigkeit.

Als wichtigster Einfluß wäre dann noch die Schnittkraft zu nennen. Zweifellos wird die Erfüllung einer bestimmten Schneidaufgabe bei Anwendung einer höheren Schnittkraft schneller möglich sein. Ist deshalb aber das Messer besser schneidfähig? Es muß grundsätzlich zugrunde gelegt werden, daß zwei in Materialzustand, Abzugwinkel, Schneidenschartigkeit usw. gleiche Messer auch die gleiche Schneidfähigkeit aufweisen, unabhängig davon, mit welcher Kraft geschnitten wird. Dabei wäre zu sagen, daß ein Messer, welches die gleiche Materialmenge in der gleichen Zeit bei gleicher Schnittgeschwindigkeit mit einer größeren Kraft zerschneidet als ein anderes, eine schlechtere Schneidfähigkeit hat. Es ergibt sich mithin folgender Zusammenhang zwischen diesen einzelnen Größen:

$$\text{Schneidfähigkeit} = \frac{\text{zu schneidender Querschnitt}}{\text{Kraft, Geschwindigkeit, Dauer, Schneidenlänge}}$$

Dabei ist noch ungeklärt, ob diese Größen linear oder in anderer Weise mit der Schneidfähigkeit in funktionellem Zusammenhang stehen.

Die Beeinflussung der Schneidhaltigkeit durch diese Faktoren kann demnach nicht ohne weiteres aufgezeigt werden. Wenn die Abstumpfung der Schneide unter verschiedenen Bedingungen erfolgt, werden die Schneidfähigkeiten ebenfalls unter jeweils anderen Bedingungen gemessen und sind nach obigen Ausführungen nicht miteinander vergleichbar. Eine eindeutige Aussage wäre erst möglich, wenn es gelänge, Schneidfähigkeitskennwerte zu bilden, in denen die genannten Faktoren ihrem Gewicht entsprechend berücksichtigt sind.

Eigene Untersuchungen wurden erforderlich, weil die Einflüsse unterschiedlicher Schnittkräfte größenordnungsmäßig aufgezeigt und anderen Einflüssen gegenübergestellt werden sollten. Da die bereits vorhandenen Versuchsergebnisse unter anderen Prüfbedingungen erzielt wurden, waren neue Prüfungen durchzuführen. Gleichzeitig wurde dabei der Versuch unternommen, die oben aufgeführten Zusammenhänge soweit als möglich zu berücksichtigen, um eine eindeutige Aussage zu ermöglichen.

Zunächst soll jedoch an einigen Beispielen nochmals der Einfluß der Schnittkraft auf die Empfindlichkeit des Prüfverfahrens in der Anzeige von Schneideigenschaftsunterschieden aufgezeigt werden.

Es wurden unter anderem Messer aus gleichem Material verglichen, die gleichzeitig gehärtet worden waren, von denen ein Teil jedoch durch Anlassen in der Härte von 59 HRC auf 52 HRC gebracht wurde. Die Abb. 16 und 17 zeigen in der bisher üblichen Darstellung die Ergebnisse der Schneidversuche mit 2 kp und 2,5 kp Schnittkraft. Ganz deutlich zeigt sich, daß bei der erhöhten Schnittkraft von 2,5 kp bis zum Durchschneiden von 100 Querschnitten Unterschiede nicht mehr festzustellen sind. Außerdem ist die Streuung bei der erhöhten Schnittkraft erheblich geringer. Dieser Einfluß der Schnittkraft auf die Streuungen war bereits von KOLBERG erwähnt worden und konnte auch in eigenen Versuchen immer wieder festgestellt werden.

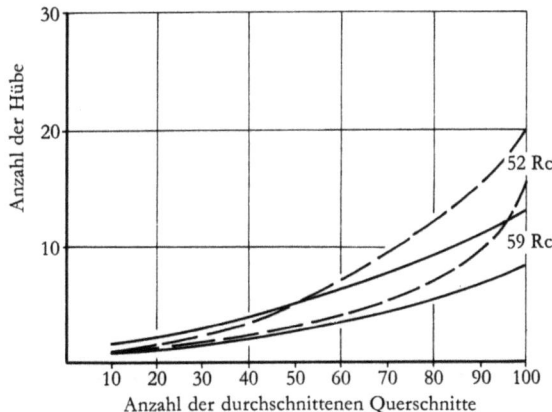

Abb. 16   Schneidprüfungen an Messern unterschiedlicher Härte nach dem Verfahren von KNAPP
Schnittkraft 2 kp

Weiterhin sind Messer aus verschiedenem Material der gleichen Stahlsorte X 40 Cr 13 nach gleicher Wärmebehandlung untersucht worden. Auch hier zeigt sich, wie durch die höhere Schnittkraft die Unterschiede verringert werden und zur deutlichen Erkennbarkeit eine längere Prüfdauer erforderlich wird (Abb. 18 bis 20).

Daß bisweilen bereits eine Schnittkraft von nur 2 kp zu hoch ist, um Unterschiede bei kürzerer Prüfdauer nicht mehr erkennen zu lassen, zeigt die Abb. 21. Hier handelt es sich um den Vergleich von Messern aus gleichem Material, von denen ein Teil normal bei 1045°C, der andere überhitzt bei 1130°C gehärtet wurde.

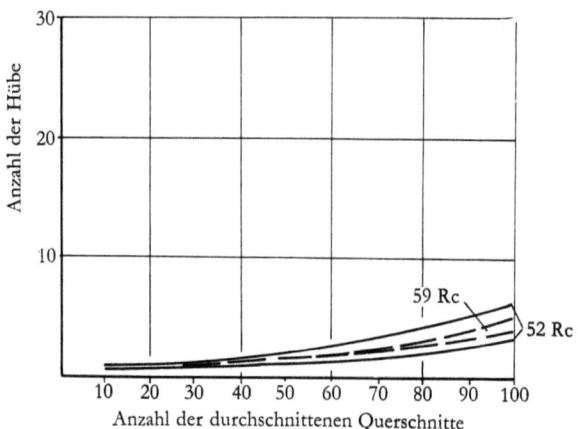

Abb. 17   Schneidprüfungen an Messern unterschiedlicher Härte nach dem Verfahren von KNAPP
Schnittkraft 2,5 kp

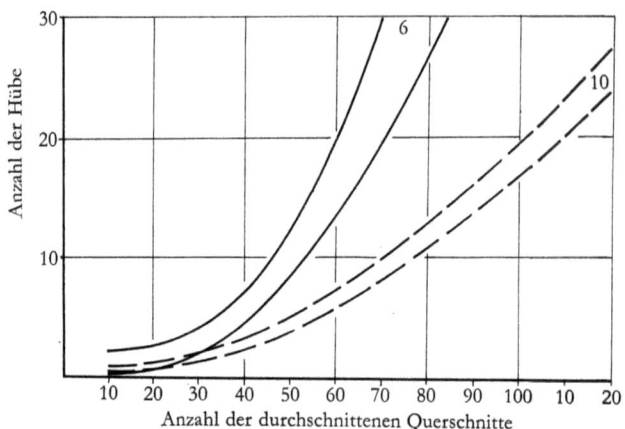

Abb. 18   Schneidprüfungen an Messern aus verschiedenem Material nach dem Verfahren von KNAPP
Schnittkraft 2 kp

Diese Beispiele mögen genügen, um auf die starke Abhängigkeit der Anzeigeempfindlichkeit von der Schnittkraft hinzuweisen. Zu der bisher üblichen Weise der Darstellung der Ergebnisse soll nachfolgend in einigen Punkten kritisch Stellung genommen werden. Nach der Definition ist die Schneidhaltigkeit das Maß der beim Gebrauch verbleibenden Schneidfähigkeit. Sofern die Schnittkraft nun verändert wird, erfolgt zwar die Abstumpfung der Schneide unter anderen Bedingungen, aber auch die Kenngröße für die jeweilige Schneidfähigkeit – die Anzahl der Hübe zum Durchschneiden eines Prüfstoffquerschnittes von 0,5 cm² – wird unter diesen jeweils anderen Bedingungen ermittelt. Somit ist dann keine eindeutige Vergleichbarkeit der Ergebnisse gegeben.

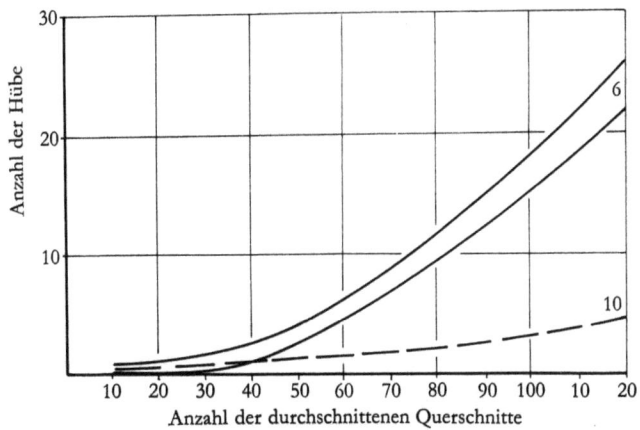

Abb. 19 Schneidprüfungen an Messern aus verschiedenem Material
nach dem Verfahren von KNAPP
Schnittkraft 2,5 kp

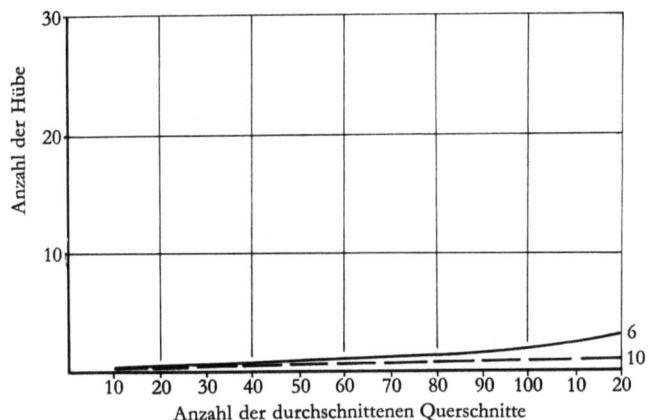

Abb. 20 Schneidprüfungen an Messern aus verschiedenem Material
nach dem Verfahren von KNAPP
Schnittkraft 3 kp

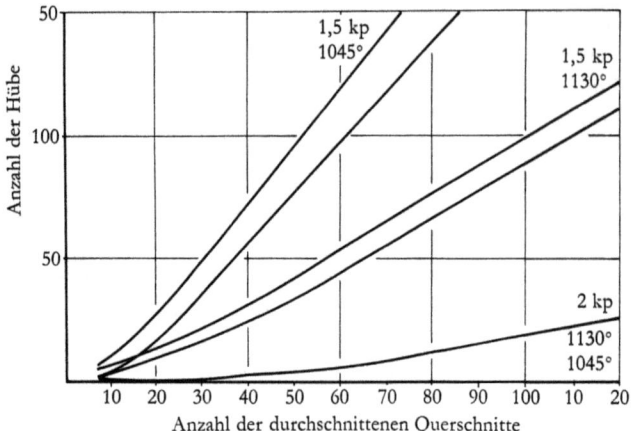

Abb. 21   Schneidprüfungen an verschieden vergüteten Messern
nach dem Verfahren von KNAPP
Verschiedene Schnittkräfte

Die Abb. 22 zeigt noch einmal die Ergebnisse von Schneidenprüfungen an einem Messer mit verschiedenen Schnittkräften in der bisher üblichen Darstellungsweise. Um vergleichbare Ergebnisse zu erhalten, wurde in weiteren Prüfungen an diesem Messer die Abstumpfung zwar mit höheren Schnittkräften vorgenommen, aber die als Maß für die Abstumpfung gewählte Schneidfähigkeit bei jedem zehnten Prüfstoffquerschnitt von 0,5 cm² unter gleichen Bedingungen mit 2 kp Schnittkraft durch die Anzahl der erforderlichen Hübe bestimmt.

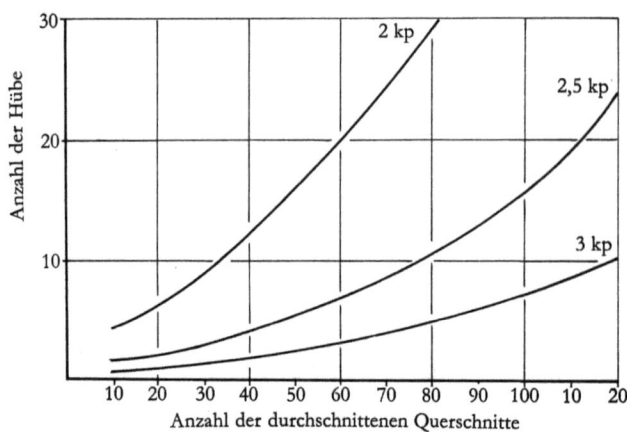

Abb. 22   Schneidprüfungen nach dem Verfahren von KNAPP
Verschiedene Schnittkräfte

Die Ergebnisse sind in Abb. 23 dargestellt und zeigen, daß zwar die Kurven mit höherer Prüflast flacher verlaufen, aber bei weitem nicht so kraß wie bei Abb. 22. Bei der Auswertung dieses Kurvenblattes muß man nun aber berücksichtigen, daß bei höherer Schnittkraft zum Durchschneiden gleicher Prüfwerkstoffmengen weniger Hübe, also ein geringerer Weg der Schneide ausreicht. Dieser Weg spielt aber neben der Schnittkraft ebenfalls eine Rolle bei der Abstumpfung. Es ist deshalb versucht worden, beide Faktoren in die Auswertung aufzunehmen. Es wurde willkürlich durch Bildung des Produktes aus Schnittkraft und Weg der Schneide eine Kenngröße für die Abstumpfungsbedingungen gewählt und für die verschiedenen Belastungen der unter diesen Bedingungen geschnittenen Gesamtquerschnitt des Prüfwerkstoffes aufgetragen (Abb. 24).

Die Darstellung läßt eindeutig erkennen, daß bei höherer Belastung mit entsprechend geringerem Weg wesentlich mehr Material geschnitten wird. Der Weg tritt demnach bedeutend stärker als Abstumpfungseinfluß in Erscheinung als die Schnittkraft.

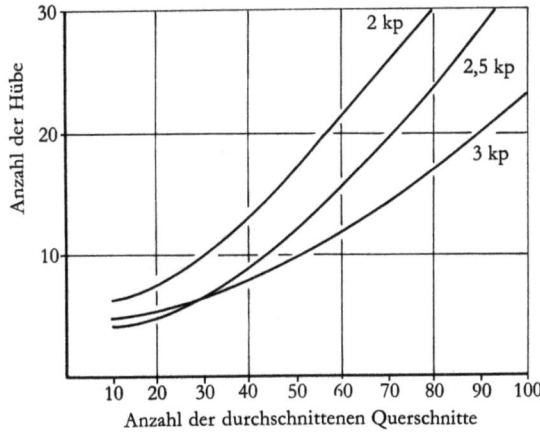

Abb. 23 Schneidprüfungen nach dem Verfahren von KNAPP
Verschiedene Schnittkräfte

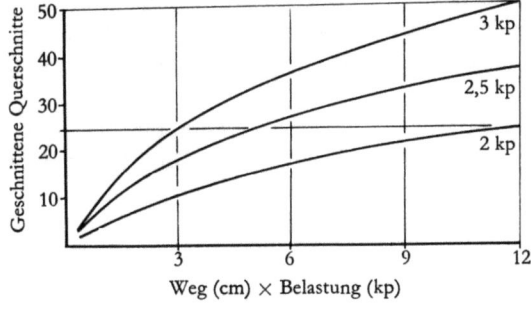

Abb. 24 Schneidprüfungen nach dem Verfahren von KNAPP
Verschiedene Schnittkräfte

V. Zusammenfassung und Ausblick

Die vorliegende Arbeit befaßt sich kritisch mit den bisher bekannten Schneideigenschaftsprüfverfahren mit dem Ziel, daraus neue Impulse für die Weiterentwicklung auf diesem Gebiet zu erhalten. Die Beschäftigung mit diesen Fragen war im Rahmen von Qualitätsuntersuchungen an Messern nebenher erforderlich geworden. So konnte trotz der erkannten Wichtigkeit diesen Problemen bisher nicht das erwünschte Maß an Versuchen gewidmet werden, wie es zur restlosen Aufklärung aller Faktoren erforderlich ist. Dennoch sind bereits in diesem Stadium der Untersuchungen eine Reihe von Erkenntnissen gewonnen worden, die für weitere Arbeiten auf diesem Gebiet von grundlegender Bedeutung sind und deshalb hier bekanntgegeben werden. Auch ist der Umfang der Versuche bereits sehr stark angewachsen durch die Vielfalt der z. T. noch unkontrollierbaren Einflüsse. Es konnte aufgezeigt werden, daß die verschiedenen Einflußgrößen besonders im Hinblick auf die Veränderung der Empfindlichkeit der Anzeige von Unterschieden in den Schneideigenschaften von Bedeutung sind.

Weiterhin wurden für die Auswertung der Prüfergebnisse verschiedene neue Anregungen gegeben, mit denen vor allem eine eindeutige Vergleichbarkeit der unter verschiedenen Prüfbedingungen gewonnenen Ergebnisse angestrebt wird. Der bisherige Stand der Ergebnisse gestattet zwar noch keine exakten mathematischen Formulierungen der entsprechenden Zusammenhänge, läßt aber bereits in den wesentlichen Punkten die Tendenz dieser Abhängigkeiten erkennen. In späteren Untersuchungen sollen diese Fragen weiter bearbeitet werden.

Nachdem in diesen Versuchen zunächst jeweils nur eine Einflußgröße verändert worden ist, müssen sich weitere Arbeiten auch mit den Zusammenhängen dieser Faktoren untereinander beschäftigen, was bei deren Vielfältigkeit allerdings einen zunächst unübersehbar großen Untersuchungsumfang bedingt.

Erst wenn es in derartigen Versuchen gelungen ist, alle Einflüsse in ihrer Auswirkung eindeutig zu erfassen, wird es möglich sein, für die Prüfung der verschiedenen Schneidprobleme die geeigneten Bedingungen festzulegen.

Direktor Dipl.-Ing. Hans Stüdemann
Dr.-Ing. Fritz Esselborn

VI. Literaturverzeichnis

[1] THUNBERG, T., Zeitschrift für Feinmechanik und Präzision 30 (1922), Heft 20/21.
[2] KLEMM, H., Die Vorgänge beim Schneiden mit Messern. Freiberger Forschungshefte B 12, Akademie-Verlag, Berlin 1957.
[3] HONDA, K., und K. TAKAHASI, Journal of the Iron and Steel Institute 116 (1927), S. 357.
[4] KNAPP, W., Über Schneidfähigkeit und Schneidhaltigkeit von Messerklingen. Dr.-Ing.-Dissertation, TH Aachen 1928.
[5] HENDRICHS, F., Maschinenbau 7 (1928), S. 1012.
[6] KOLBERG, C., Beitrag zur Prüfung der Schneideigenschaften von Messerklingen aus Kohlenstoffstahl und rostfreiem Stahl. Dr.-Ing.-Dissertation, TH Aachen 1933.
[7] STÜDEMANN, H., und W. MÜCHLER, Entwicklung eines Verfahrens zur zahlenmäßigen Bestimmung der Schneideigenschaften von Messerklingen. Forschungsberichte des Wirtschafts- und Verkehrsministeriums Nordrhein-Westfalen, Nr. 177, Westdeutscher Verlag, Köln und Opladen 1956 (s. a. Dr.-Ing.-Dissertation von W. MÜCHLER, TH Braunschweig 1954).
[8] STÜDEMANN, H., und F. ESSELBORN, Die Ergebnisse von Schneideigenschaftsprüfungen in ihrer Abhängigkeit von Karbidverteilung und -größe und geometrischer Form des Messers. Demnächst (s. a. Dr.-Ing.-Dissertation von F. ESSELBORN, TH Aachen).

FORSCHUNGSBERICHTE
DES LANDES NORDRHEIN-WESTFALEN

Herausgegeben im Auftrage des Ministerpräsidenten Dr. Franz Meyers
von Staatssekretär Prof. Dr. h. c. Dr.-Ing. E. h. Leo Brandt

EISENVERARBEITENDE INDUSTRIE

HEFT 39
Forschungsgesellschaft Blechverarbeitung e. V., Düsseldorf
Untersuchungen an prägegemusterten und vorgelochten Blechen
1953, 46 Seiten, 34 Abb., DM 9,50

HEFT 43
Forschungsgesellschaft Blechverarbeitung e. V., Düsseldorf
Forschungsergebnisse über das Beizen von Blechen
1953, 48 Seiten, 38 Abb., 3 Tabellen, DM 11,30

HEFT 51
Verein zur Förderung von Forschungs- und Entwicklungsarbeiten in der Werkzeugindustrie e. V., Remscheid
Untersuchungen an Kreissägeblättern für Holz, Fehler- und Spannungsprüfverfahren
1953, 50 Seiten, 23 Abb., DM 10,—

HEFT 56
Forschungsgesellschaft Blechbearbeitung e. V., Düsseldorf
Untersuchungen über einige Probleme der Behandlung von Blechoberflächen
1954, 52 Seiten, 42 Abb., DM 11,20

HEFT 60
Forschungsgesellschaft Blechbearbeitung e. V., Düsseldorf
Untersuchungen über das Spritzlackieren im elektrostatischen Hochspannungsfeld
1954, 82 Seiten, 53 Abb., 7 Tabellen, DM 17,—

HEFT 61
Verein zur Förderung von Forschungs- und Entwicklungsarbeiten in der Werkzeugindustrie e. V., Remscheid
Schwingungs- und Arbeitsverhalten von Kreissägeblättern für Holz
1954, 54 Seiten, 31 Abb., DM 11,40

HEFT 65
Fachverband Schneidwarenindustrie, Solingen
Untersuchungen über das elektrolytische Polieren von Tafelmesserklingen aus rostfreiem Stahl
1954, 90 Seiten, 38 Abb., 9 Tabellen, DM 17,35

HEFT 87
Gemeinschaftsausschuß Verzinken, Düsseldorf
Untersuchungen über Güte von Verzinkungen
1954, 68 Seiten, 56 Abb., 3 Tabellen, DM 15,30

HEFT 98
Fachverband Gesenkschmieden, Hagen
Die Arbeitsgenauigkeit beim Gesenkschmieden unter Hämmern
1955, 132 Seiten, 55 Abb., 9 Tabellen, DM 24,75

HEFT 116
Prof. Dr.-Ing. E. Siebel und Dr.-Ing. H. Weiss, Stuttgart
Untersuchungen an einigen Problemen des Tiefziehens — I. Teil
1955, 74 Seiten, 50 Abb., 6 Tabellen, DM 14,50

HEFT 117
Dr.-Ing. H. Beißwänger, Stuttgart, und
Dr.-Ing. S. Schwandt, Trier
Untersuchungen an einigen Problemen des Tiefziehens — II. Teil
1955, 92 Seiten, 34 Abb., 8 Tabellen, DM 17,70

HEFT 150
Prof. Dr.-Ing. O. Kienzle und
Dipl.-Ing. F. W. Timmerbeil, Hannover
Das Durchziehen enger Kragen an ebenen Fein- und Mittelblechen
1955, 52 Seiten, 20 Abb., 8 Tabellen, DM 11,30

HEFT 177
Dipl.-Ing. H. Stüdemann, Solingen, und
Dr.-Ing. W. Müchler, Essen
Entwicklung eines Verfahrens zur zahlenmäßigen Bestimmung der Schneideigenschaften von Messerklingen
1956, 104 Seiten, 68 Abb., 4 Tabellen, DM 22,20

HEFT 224
Dipl.-Ing. H. Stüdemann und Ing. R. Beu, Solingen
Verfahren zur Prüfung der Korrosionsbeständigkeit von Messerklingen aus rostfreiem Stahl
1956, 82 Seiten, 28 Abb., DM 16,90

HEFT 225
Dr.-Ing. E. Barz, Remscheid
Der Spannungszustand von Gattersägeblättern
1956, 74 Seiten, 54 Abb., DM 16,50

HEFT 277
Dr.-Ing. W. Müchler, Essen
Untersuchung und zahlenmäßige Bestimmung der Schneideigenschaften von Messern mit besonderer Berücksichtigung rostfreier Messerstähle
1956, 60 Seiten, 27 Abb., 5 Tabellen, DM 13,20

HEFT 283
Prof. Dr. F. Wever und Dr.-Ing. W. Lueg, Düsseldorf
Warmstauchversuche zur Ermittlung der Formänderungsfestigkeit von Gesenkschmiede-Stählen
1956, 44 Seiten, 19 Abb., DM 9,90

HEFT 285
Prof. Dr.-Ing. O. Kienzle, Dr.-Ing. K. Lange, Hannover und Dipl.-Ing. H. Meinert, Osterode
Einfluß der Oberfläche auf das Verschleißverhalten von Schmiedegesenken
1956, 62 Seiten, 29 Abb., 8 Tabellen, DM 14,60

HEFT 286
Dr.-Ing. K. Lange, Hannover, Dipl.-Ing. H. Meinert, Osterode, unter Mitarbeit von Dr.-Ing. H. Arend, Mühlheim (Ruhr)
Verschleißverhalten hartverchromter Schmiedegesenke
1956, 74 Seiten, 53 Abb., 6 Tabellen, DM 17,65

HEFT 321
Prof. Dr. F. Wever, Düsseldorf, und Dr. W. Wepner, Köln
Gleichzeitige Bestimmung kleiner Kohlenstoff- und Stickstoffgehalte im α-Eisen durch Dämpfungsmessung
1956, 30 Seiten, 3 Abb., 4 Tabellen, DM 6,80

HEFT 322
Prof. Dr.-Ing. F. Bollenrath und Dipl.-Ing. W. Domke, Aachen
Eigenspannungen in vergüteten, dickwandigen Stahlzylindern nach Oberflächenhärtung mit induktiver Erwärmung
1956, 30 Seiten, 9 Abb., 2 Tabellen, DM 6,90

HEFT 360
Dr.-Ing. E. Barz, Remscheid
Fertigungsverfahren und Spannungsverlauf bei Kreissägeblättern für Holz
1957, 68 Seiten, 40 Abb., DM 17,—

HEFT 367
Dr. rer. nat. D. Horstmann, Düsseldorf
Der Angriff eisengesättigter Zinkschmelzen auf kohlenstoff-, schwefel- und phosphorhaltiges Eisen
1957, 52 Seiten, 22 Abb., 6 Tabellen, DM 12,85

HEFT 375
Technischer Überwachungsverein e. V., Essen
Wanddickenmessungen mittels radioaktiver Strahlen und Zählrohrgerät
1958, 38 Seiten, 15 Abb., DM 9,55

HEFT 376
Technischer Überwachungsverein e. V., Essen
Wasserumlaufprobleme an Hochdruckkesseln
1958, 140 Seiten, 56 Abb., 8 Tabellen, DM 32,60

HEFT 377
Technischer Überwachungsverein e. V., Essen
Versuche an Wanderrostkesseln mit befeuchteter Verbrennungsluft
1958, 36 Seiten, 19 Abb., 2 Tabellen, DM 12,20

HEFT 395
Dipl.-Ing. L. Hahn, Clausthal-Zellerfeld
Untersuchungen zur Frage des optimalen Bohrloch- und Patronendurchmessers
1957, 132 Seiten, 49 Abb., 19 Tabellen, DM 31,25

HEFT 445
Dr.-Ing. E. Barz, Remscheid
Fertigungs- und Prüfverfahren für Feilen
vergriffen

HEFT 447
Prof. Dr.-Ing. F. Bollenrath, Aachen
Dr.-Ing. H. Füllenbach, Seesen (Harz), und Dipl.-Ing. J. Schumacher, Neubeckum (Westf.)
Entwicklung rationell arbeitender Spritzkabinen
1958, 44 Seiten, 26 Abb., DM 13,55

HEFT 473
Prof. Dr. phil. F. Wever, Dr.-Ing. W. Lueg und Dipl.-Ing. P. Funke jr. Düsseldorf
Versuche an einer hydraulischen 25-t-Stangenziehbank
1957, 34 Seiten, 11 Abb., DM 8,95

HEFT 557
Dr.-Ing. H. Schiffers, Dipl.-Ing. D. Ammann, Dipl.-Ing. E. Brugger und Dipl.-Ing. R. Dicke, Aachen
Härtbarkeit von Gußeisen mit Lamellen- und Kugelgraphit in Abhängigkeit von Zusammensetzung und Gefüge
1958, 30 Seiten, 24 Abb., 1 Tabelle, DM 11,—

HEFT 630
Prof. Dr. phil. W. Koch und Dr. techn. Dipl.-Ing. H. Malissa, Düsseldorf
Beiträge zur Spurenanalyse im Reinsteisen
1958, 26 Seiten, 8 Tabellen, DM 7,60

HEFT 639
Prof. Dr.-Ing. habil. K. Krekeler, Dr.-Ing. H. Peukert und Dipl.-Ing. O. Schwarz, Aachen
Auswertung der in- und ausländischen Literatur auf dem Gebiete des Metallklebens
1958, 152 Seiten, DM 37,80

HEFT 655
Dr. rer. pol. A. Th. Wuppermann, Leverkusen, Prof. Dr.-Ing. M. Pfender und Reg.-Rat Dipl.-Ing. E. Amedick, Berlin
Untersuchung des Einflusses von Oberflächenfehlern auf die Dauerhaltbarkeit von Kurbelwellen
1958, 48 Seiten, 101 Abb., 4 Tabellen, DM 10,—

HEFT 680
Prof. Dr. phil. W. Koch, Dr.-Ing. habil. A. Krisch und Dipl.-Phys. H. Rohde, Düsseldorf
Änderungen im Gefügeaufbau austenitischer Chrom-Nickel-Stähle bei Zeitstandversuchen von mehrjähriger Dauer
1959, 38 Seiten, 23 Abb., 5 Tabellen, DM 12,20

HEFT 681
Prof. Dr.-Ing. Dr.-Ing. E. h. H. Schenk und Dr.-Ing. W. Wenzel, Aachen
Die Reduktion von Eisenerzen im Elektro-Fließbett
1959, 76 Seiten, 20 Abb., 12 Tabellen, DM 19,60

HEFT 693
Prof. Dr.-Ing. O. Kienzle, Hannover
Einige Untersuchungen über das Schneiden von Blechen
1959, 56 Seiten, 54 Abb., 3 Tabellen, DM 17,40

HEFT 702
Prof. Dr. phil. W. Koch und Dipl.-Phys. Dr. rer. nat. H. Lüdering, Düsseldorf
Statistische Auswertung von Thomasroheisenproben guter und schlechter Verblasbarkeit
1959, 20 Seiten, 3 Abb., 3 Tabellen, DM 6,50

HEFT 703
Prof. Dr. phil. W. Koch und Dipl.-Phys. Dr. phil. H. Sundermann, Düsseldorf
Isolierungstechnische Untersuchungen an Thomasroheisen
1959, 28 Seiten, 16 Abb., 1 Tabelle, DM 9,—

HEFT 705
Dr.-Ing. K. E. Mayer, Dr.-Ing. H. Knüppel, Ing. A. Stumpf, Dortmund, und Prof. Dr. phil. W. Koch, Düsseldorf
Wege zur automatischen Überwachung des Thomasverfahrens
1959, 56 Seiten, 20 Abb., 7 Tabellen, DM 14,80

HEFT 714
Prof. Dr.-Ing. W. Patterson, Aachen
Wirkung einer Gasspülung auf den Magnesiumverbrauch bei der Herstellung von Gußeisen mit Kugelgraphit
1959, 44 Seiten, 35 Abb., 14 Tabellen, DM 13,40

HEFT 728
Dr.-Ing. K. Spies, Dortmund
Die Zwischenformen beim Gesenkschmieden und ihre Herstellung durch Formwalzen
1959, 114 Seiten, 61 Abb., 1 Tabelle, DM 29,60

HEFT 740
Dr. rer. nat. D. Horstmann, Düsseldorf
Einfluß einiger Eisen- und Zinkbegleiter auf Größe und Art des Zinkangriffs auf Eisen
1959, 38 Seiten, 22 Abb., 1 Tabelle, DM 12,60

HEFT 741
Dipl.-Ing. H. Stüdemann, Dipl.-Ing. F. Esselborn und Ing. H. Hartmann, Solingen
Prüfung der Korrosionsbeständigkeit rostbeständiger Besteckbleche aus Chromstahl
1959, 32 Seiten, 30 Abb., 4 Tabellen, DM 10,30

HEFT 742
Dr.-Ing. E. Barz, Remscheid
Schneideigenschaften von schneidenden Zangen und Prüfverfahren
1959, 66 Seiten, 40 Abb., 4 Tabellen, DM 18,40

HEFT 757
Dr.-Ing. A. Schrader und Dr.-Ing. habil. A. Krisch, Düsseldorf
Mikroskopische Beobachtungen von Ausscheidungen in austenitischen und ferritischen Stählen nach dem Kriechversuch
1959, 22 Seiten, 22 Abb., 1 Tabelle, DM 8,60

HEFT 780
Prof. Dr. phil. F. Wever, Düsseldorf
Untersuchungen von Walzölen und Walzölemulsionen im Kaltwalzversuch
1959, 68 Seiten, 28 Abb., mehr. Tabellen, DM 18,50

HEFT 781
Dr.-Ing. E. Barz u. a., Remscheid
Verformungseinflüsse bei der Feilenherstellung
1959, 65 Seiten, 39 Abb., kart., DM 20,—

HEFT 840
Prof. Dr. phil. F. Wever, Dr.-Ing. H. G. Müller und Dr.-Ing. P. Funke, Düsseldorf
Versuchsmäßige und rechnerische Bestimmung von Walzkraft und Drehmoment unter Einwirkung von Bandzugspannungen beim Kaltwalzen von Bandstahl
1960, 36 Seiten, 12 Abb., 3 Tafeln, DM 10,90

HEFT 841
Dr. rer. nat. H. Blanck, Düsseldorf
Untersuchungen zur Kinetik des Martensitzerfalls
1960, 33 Seiten, 11 Abb., kart., DM 10,30

HEFT 889
Dipl.-Ing. W. Hufschmidt, Aachen
Die Eigenschaften von Rippenrohrluftkühlern im Arbeitsbereich der Klimaanlage
1960, 126 Seiten, 37 Abb., DM 33,30

HEFT 890
Dr.-Ing. H. Meyer, Hagen (Westf.)
Untersuchungen über den Umformvorgang in Waagerecht-Stauchmaschinen
1960, 76 Seiten, 61 Abb., 3 Tabellen, DM 21,90

HEFT 916
Dipl.-Ing. Hans-Joachim Grasemann, Forschungsgesellschaft Blechverarbeitung e. V., Düsseldorf
Der offene, kreuzende Scherschnitt an Blechen
1960, 138 Seiten, 66 Abb., 10 Tabellen, DM 40,70

HEFT 1000
Dipl.-Ing. Hartmut Tolkien, Institut für Werkzeugmaschinen und Umformtechnik der Technischen Hochschule Hannover
Schmierwirkungen in Schmiedegesenken
1961, 150 Seiten, 75 Abb., DM 44,90

HEFT 1001
Dipl.-Phys. Dr. rer. nat. Günter Langner, Institut für Elektronenmikroskopie an der Medizinischen Akademie, Düsseldorf
Die Informationsübertragung bei der Mikroskopie mit Röntgenstrahlen
1961, 126 Seiten, 7 Abb., DM 37,—

HEFT 1004
Dr.-Ing. Eginhard Barz, Verein zur Förderung von Forschungs- und Entwicklungsarbeiten in der Werkzeugindustrie e. V., Remscheid
Untersuchung von Schraubendrehern und Schraubenverbindungen
1961, 68 Seiten, 26 Abb., 12 Tab., DM 22,30

HEFT 1027
Dr.-Ing. Eginhard Barz, Verein zur Förderung von Forschungs- und Entwicklungsarbeiten in der Werkzeugindustrie e. V., Remscheid
Prüfung von Feilen
1961, 58 Seiten, 23 Abb., 7 Tab., DM 20,50

HEFT 1028
Dipl.-Ing. S. Stendorf, Verein zur Förderung von Forschungs- und Entwicklungsarbeiten in der Werkzeugindustrie e. V., Remscheid
Das Gleitstauchen von Schneidezähnen an Sägen für Holz
1961, 138 Seiten, 85 Abb., 9 Tab., DM 47,10

HEFT 1056
Dr.-Ing. Oskar Pawelski, Dr.-Ing. Werner Luegt, Max-Planck-Institut für Eisenforschung, Düsseldorf
Der Spannungszustand beim Ziehen und Einstoßen von runden Stangen
1962, 106 Seiten, 35 Abb., 10 Tab., DM 33,60

HEFT 1089
Direktor Dipl.-Ing. Hans Stüdemann, Dipl.-Ing. Fritz Esselborn, Forschungsinstitut an der Fachschule für Metallgestaltung, Solingen
Untersuchungen über den Einfluß der Zusammensetzung und Gefügeausbildung auf das Härtungsverhalten des Stahles X 40 Cr 13
In Vorbereitung

HEFT 1091
Dipl.-Ing. Kurt Buchmann, Forschungsgesellschaft Blechverarbeitung e.V., Düsseldorf
Beitrag zur Verschleißbeurteilung beim Schneiden von Stahlfeinblechen
In Vorbereitung

HEFT 1129
Prof. Dr.-Ing. Joseph Mathieu (Forschungsinstitut für Rationalisierung, Aachen) im Auftrage des Fachverbandes Gesenkschmieden im Wirtschaftsverband Stahlverformung, Hagen
Richtwerte für eine Platzkostenrechnung in der Gesenkschmiedeindustrie
In Vorbereitung

HEFT 1140
Direktor Dipl.-Ing. Hans Stüdemann, Dipl.-Ing. Fritz Esselborn, Forschungsinstitut an der Fachschule für Metallgestaltung und Metalltechnik, Solingen, im Auftrage des Fachverbandes Schneidwarenindustrie e. V., Solingen
Einflüsse der Prüfbedingungen auf die Ergebnisse von Schneideigenschaftsprüfungen an Messern

HEFT 1162
Prof. Dr.-Ing., Dr.-Ing. E. h. Otto Kienzle, Dipl.-Ing. Manfred Meyer, im Auftrage der Forschungsgesellschaft Blechverarbeitung e. V., Düsseldorf
Verfahren zur Erzielung glatter Schnittflächen beim vollkantigen Schneiden von Blech
In Vorbereitung

HEFT 1164
Dr.-Ing. Eginhard Barz u. a., Verein zur Förderung von Forschungs- und Entwicklungsarbeiten in der Werkzeugindustrie e. V., Remscheid
Teil I: Arbeitsverhalten von scheibenförmigen Werkzeugen.
Teil II: Schnittversuche von verleimten Holzwerkzeugen
In Vorbereitung

HEFT 1171
Prof. Dr.-Ing., Dr.-Ing. E. h. Otto Kienzle, Hannover, Dipl.-Ing. Kurt Haverbeck, Hannover, im Auftrage der Forschungsgesellschaft Blechverarbeitung e. V., Düsseldorf
Das Herstellen von Außenborden an Blechteilen zwischen Stempel und Ring
In Vorbereitung

Ein Gesamtverzeichnis der Forschungsberichte, die folgende Gebiete umfassen, kann vom Verlag angefordert werden:
Acetylen / Schweißtechnik - Arbeitswissenschaft - Bau / Steine / Erden - Bergbau - Biologie - Chemie - Eisenverarbeitende Industrie - Elektrotechnik / Optik - Fahrzeugbau / Gasmotoren - Farbe / Papier / Photographie - Fertigung - Funktechnik / Astronomie - Gaswirtschaft - Hüttenwesen / Werkstoffkunde - Kunststoffe - Luftfahrt / Flugwissenschaften - Maschinenbau - Medizin / Pharmakologie - NE-Metalle - Physik - Schall / Ultraschall - Schiffahrt - Textiltechnik / Faserforschung / Wäschereiforschung - Turbinen - Verkehr - Wirtschaftswissenschaft.

WESTDEUTSCHER VERLAG · KÖLN UND OPLADEN
567 Opladen/Rhld., Ophovener Straße 1-3

If you have any concerns about our products,
you can contact us on
ProductSafety@springernature.com

In case Publisher is established outside the EU,
the EU authorized representative is:
**Springer Nature Customer Service Center GmbH
Europaplatz 3, 69115 Heidelberg, Germany**

Printed by Libri Plureos GmbH
in Hamburg, Germany